そもそもこうだよ住宅設計

住宅設計

一定要懂的基礎原則

增田奏｜著　李昀蓁｜譯

自序

首先，要對開始進行住宅設計的你說聲恭喜！
爲什麼這麼說呢？住宅設計表面上雖然看似在處理機能與物品，
但實際上則考量著人們生活的每個瞬間，甚至到整個人生。
換句話說，住宅設計是藉由處理機能與物品，
反映人們的想法以及生活的一項重要工作，不覺得很棒嗎？
所以說才要恭喜踏入這門行業的你。
只要知道住宅設計的基本原則，不只是制式的型態，而是一種感受。
就不容易走向冤枉路，那條捷徑會一直在你隨處可及之處。
請記得，從自己的構想出發，接著站在對方的角度去設想。
判斷的起點，則是一直以來所感受到的一切。
雖然這麼說，眼前的基本問題已經堆積如山：地板、牆壁、天花板、窗戶、屋頂……
有太多拘泥於形式上的事情要處理，是件相當辛苦地事情。簡直令人暈頭轉向。
但正是如此，要珍惜自己的直覺所感受到的一切、
抱持著各種單純地疑問，不要忘記帶著謙遜的態度去發問的那份初衷。

我很擔心因爲設計工作而日夜不休的你，不小心就迷惘徬徨而走錯路，
因爲過去的我也是，一不小心就走在冤枉路上，迷惘徬徨了，
一直到現在這個歲數才體悟到，我們應該要從自己身邊的小事物去思考事情，
太過將普通的事情視爲理所當然，才意識到自己在住宅設計上的過度思考、
或完全誤解的各種事情。

不想讓你跟我一樣繞了這麼多遠路，所以著手寫了這本書，
對於住宅設計上的各種課題不抱有疑問就盲從相信的事、
或者是考慮過多結果本末倒置的事、
本來打算列出所有住宅設計的基本原則，
但不可否認的是，因爲我的個人偏好，還是在某些部分著墨了不少，
只是，如果因爲這本書的某一章節，偶然地與你相遇，
我將會帶著「回想起來，我這一路走來已經是這麼遙遠」的感受，
一邊微笑，一起陪你走在回家的路上，那必定是相當開心的。

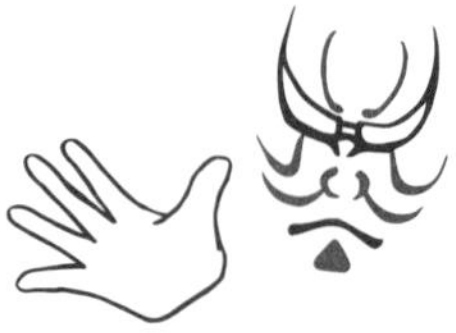

目次

第1章 圖面與工地現場

第2章 設計核心

第3章 空調與結構

第 1 章

圖面與工地現場

基本

第一

水平・垂直・直角讓建築物瀟灑自信，顯得威風凜凜

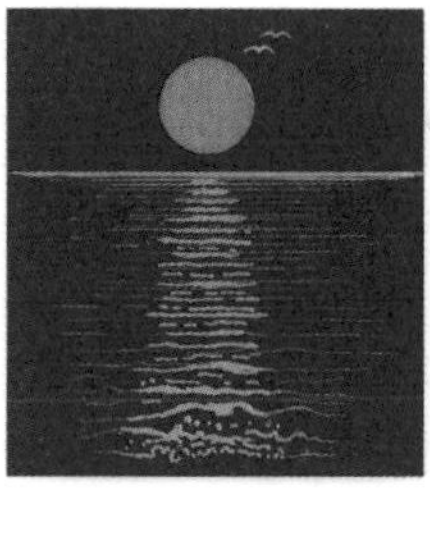

水平儀、垂直圓錐球、水平放樣線這些工具提高了測量的精準度。

秘密是體感溫度

距離參加一級建築師資格考試當時，已經超過40年以上了，考試的內容也都早已忘記，但在那些超級認真專業的題目裡，有一題讓人會心一笑的題目，到現在都還是記得。下面的五種動物裡面，沒有使用於建築用語的是哪一個：猴子サル、馬ウマ、貓ネコ、老虎トラ、駱駝ラクダ（還是長頸鹿キリン去了？）答案是：駱駝ラクダ

建築物裡面，除了住著人類與他們的寵物以外，還有其他的生物也棲息在此：鴿子、蜻蜓、蚱蜢、鮟鱇、蝸牛、螞蟻……。以及雖然沒有眞的住進家裡，但在建設的過程中，卻非常活躍的鳶鳥與鶴。

一些作爲日常用語使用的建築術語與慣用語：「ガラン（伽藍）としている：廣大宏偉的樣子」「釘を刺す：「刺進釘子」，引申爲叮囑、約定」「いの一番（通り芯符号）：本來是指蓋房子時第一根搭起的柱子，引申爲首先、最初的」「はめ（羽目板）をはずす：字面上是「拆下壁板」，引申爲得意忘形之意」「しのぎ（鎬）を削る：將刀鋒削薄，引申爲猛烈地競爭、激烈地比賽之意」「うだつ（卯建）が上がらない：意思是樑上的短柱上不去，引申爲抬不起頭，無法翻身之意」「建前：建築用語意爲結構定位作業之意，引申爲表面形式、公開表態時之意」、「几帳面：原指將柱子的銳角削平，引申爲有條理，一絲不苟之意」，從這些慣用語裡，舉「ロクでなし」與「タチが悪い」這兩個句話爲例，都是「不好好做事，不中用的麻煩製造者」的代名詞，「ロク」「タチ」的漢字寫成「陸」與「建ち」，原本在建築用語上指的是水平、垂直之意，下面我們再加上意指直角的「カネ（矩）」，一起來討論。

建築物，若沒有抓好水平、垂直、直角，就顯現不出瀟灑威風的樣子，會感覺品德不好，沒有格調。也會影響到建築物的安全性以及耐久性，雖然說優雅的曲線或者是帥氣的斜線也是常用的建築語彙，也都可以成爲結構，但是若沒有將建築的基本好好地把握住，就會顯得幼稚或是裝飾性質過高，實在說不上是設計。」

在水平、垂直、直角這三個條件都滿足的狀態下，就是所謂的「精準度」。「精準度」聽起來好像有點嚴格，實際上只要具備這三個條件，並沒有想像中困難。

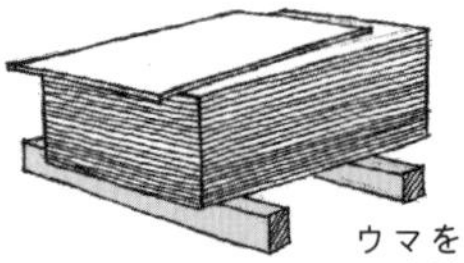

ウマをかます
置建築資材於台上

ウマ（馬uma）在日文中是「馬」之意，延伸至建築用語上，指的是作業台或是資材放置時的台子。

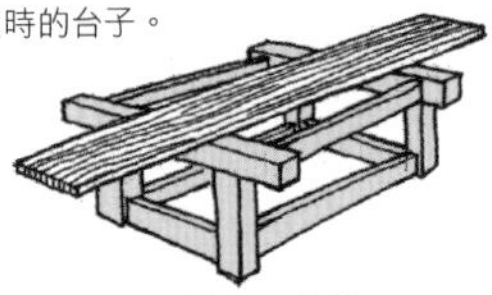

ウマに乗せて作業
放在作業台上實施作業

ネコ
貨物搬運輪車

ネコ（猫neko）在日文中是「貓」之意，延伸於建築工地現場指的是貨物搬運的單輪車，台灣工地也會「Nyakocya」之日文延伸出的台語做稱呼。

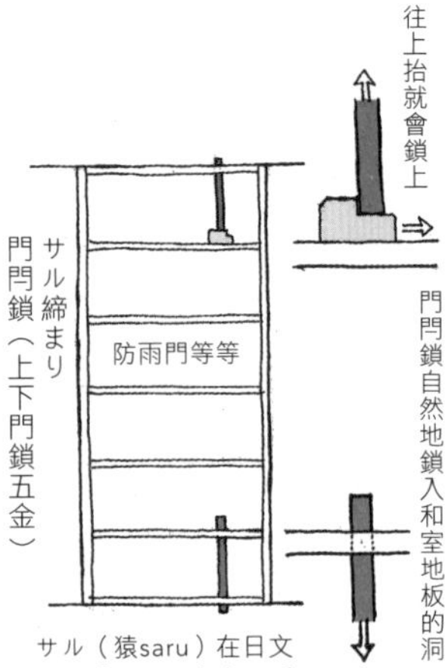

サル（猿saru）在日文中是「猴子」之意，延伸至門窗門鎖用語，意指門閂鎖之五金。

クレーン（kuren）在日文中是「鶴」之意，因為外型關係延伸形容工地用塔式起重機。

クレーン
塔式起重機

トビ
高處作業人員

トビ（鳶tobi）在日文中是「鳶鳥」之意，延伸形容能在高處自由移動進行作業之人員。

トラロープ
尼龍繩
（黃色與黑色）

トラ（虎tora）在日文中是「老虎」之意，延伸形容工地用黃黑尼龍繩之代稱。

アンコウ（鮟鱇ankou）在日文中是「鮟鱇魚」之意，因為外型相似延伸形容雨水橫向與縱向導水管接合處的集水器。

雨水天溝

アンコウ
雨水斗
（集水器）

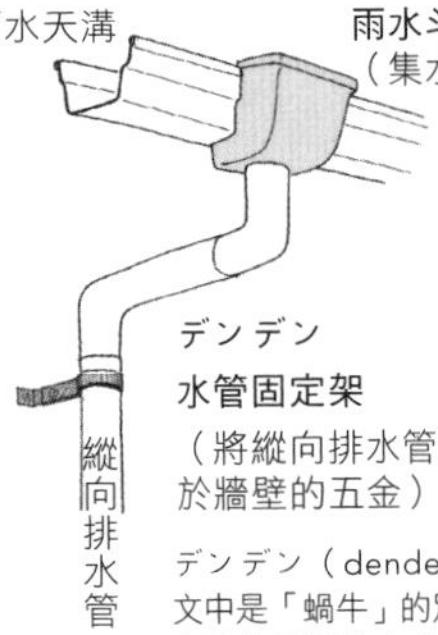

デンデン
水管固定架
（將縱向排水管固定於牆壁的五金）

デンデン（denden）在日文中是「蝸牛」的別稱，也有傳統手搖鼓（デンデン太鼓）之意，因為形狀相似，故延伸形容水管固定五金。

飾條天花板上方，固定天花板材料接合重疊部位上的固定小木片們（天花板可拆）

イナゴ
天花板固定小木片

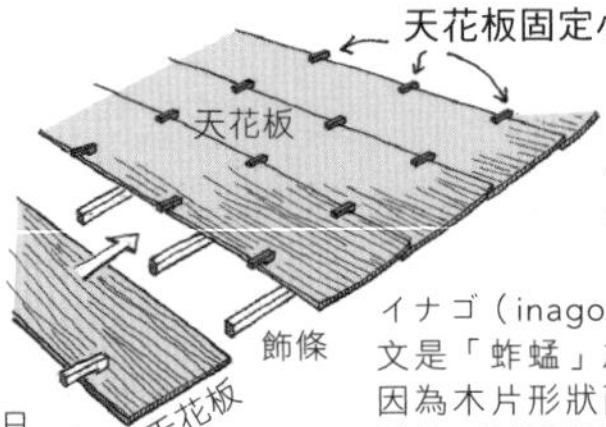

イナゴ（inago）在日文是「蚱蜢」之意，因為木片形狀而延伸形容，也稱稻子。

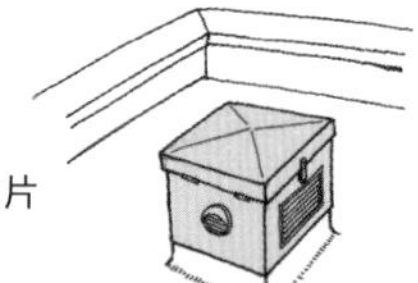

屋根上のハト小屋
屋頂上的排氣通風塔

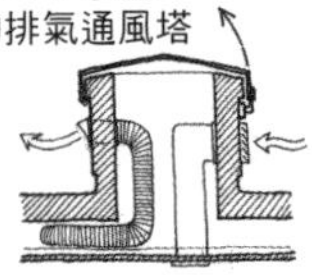

ハト（鳩hato）在日文是「鴿子」之意，屋頂上的排氣通風處通常會裝設防雨帽與百頁排氣，狀似鴿子小屋，故稱之。

トンボ
混凝土刮平器

トンボ（蜻蛉tonbo）在日文中是「蜻蜓」之意，因為T字型的刮平器形狀與蜻蜓相似，故稱之。

橫構件相互銜接的種類之一
「隱形對接」
「腰かけ蟻継ぎ」

アリ（蟻ari）在日文中是「螞蟻」之意，隱形對接接口突起物狀似螞蟻的頭型，故稱之，圖中為「蝶型插榫對接」。

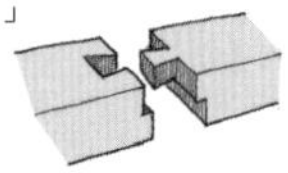

アリ
蝶型插榫對接

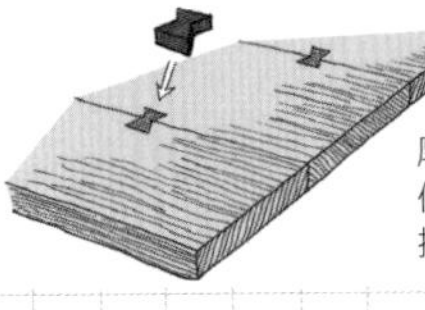

厚板材相互對接所使用的硬木製成的插榫

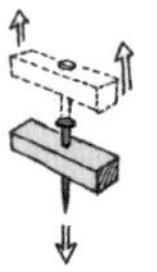

トンボ
固定用配件

黏著劑在乾燥之前將板材假固定，附有便於拔取的木條的釘子

トンボ（蜻蛉tonbo）在日文中是「蜻蜓」之意，因為T字型固定釘形狀與蜻蜓相似，故稱之。

トンボ
蜻蜓，也稱鬍鬚

為了讓厚塗料內的底材可以順利黏著結合，而打入底材內，結有布材或纖維材的釘子，此作業又稱為「打蜻蜓」

ロク（陸）＝水平

就如字面上的意思，將「水」平放不理，它自然會平靜下來。
地球上無論是什麼地方，放晴後的水窪面，都是完美的水平面。

水平儀

用於量測材料水平的器具，利用單純的水平原理製作而成。利用水平儀中的氣泡左右移動，來確認水是否處於水平狀態。

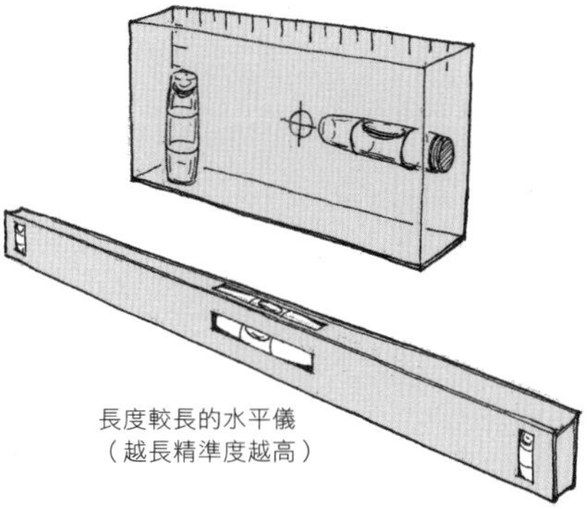
水電工程中使用的水平儀上刻付著尺規
在沒有達到水平狀態時，會說「沒有抓到平面」

自平水泥（校正水平液體）

為了提高基礎上端或者是地板的水平完成面的精準度，所使用的校正水平的液體，利用液體本身的特性，簡單易懂，非常方便。

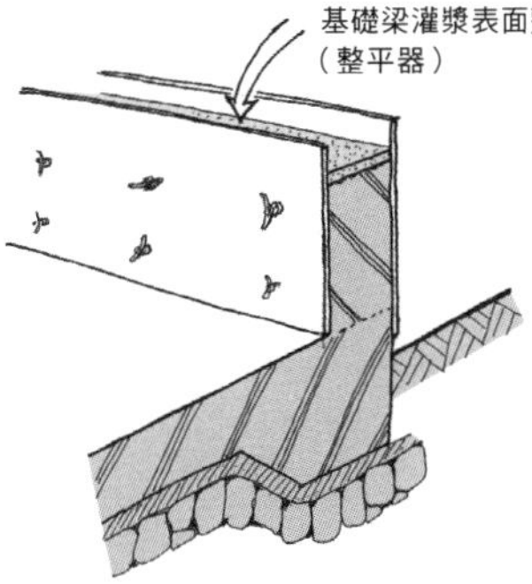

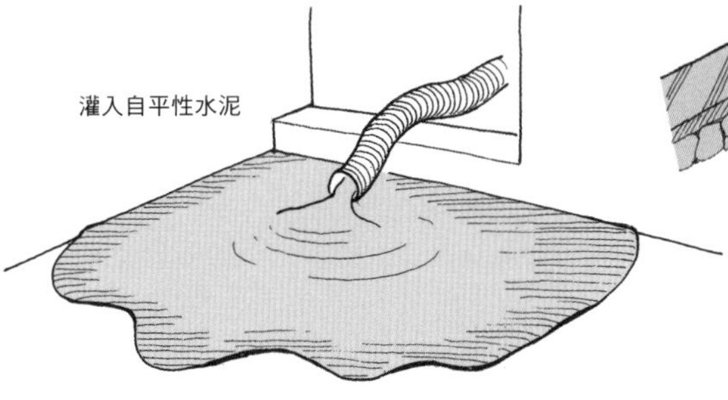

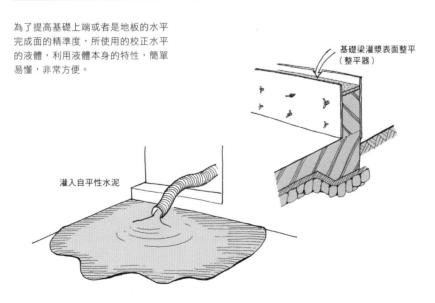

タチ（建ち）＝垂直

垂直表示指向地球地心引力的方向
「タチが悪い（建得不好）」意指處理「垂直」時，過於隨興。

垂直圓錐球

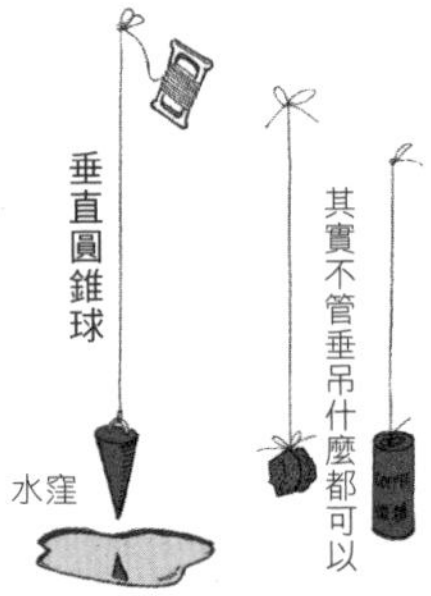

為了準確捕捉垂直，可利用設置在水平儀裡面的氣泡標示位置來確認，另一種更簡單的方法可以選擇使用垂直圓錐球這個儀器，它是一個直觀且容易理解的工具。

雷射放樣儀

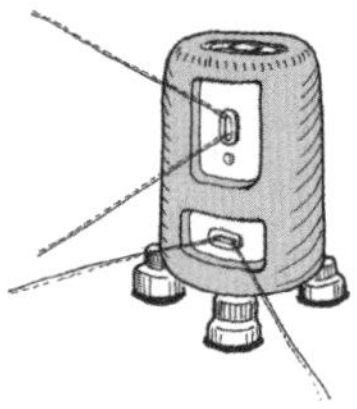

雷射放樣儀也有著相似原理，儀器中懸吊著垂直圓錐球，以該垂線為基準，分別抓出垂直和水平。

直角＝90°

「矩が狂っている（角度不正確）」指的是明明應該是直角的部分，但未能達到直角的情況。無論是89.5度還是90.5度，只要沒有達到確實的直角，不行就是不行。

小直角尺

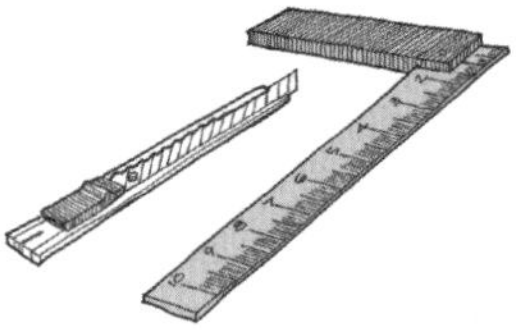

製作細緻的手工品或者是模型時，小直角尺就很足夠了。

曲尺

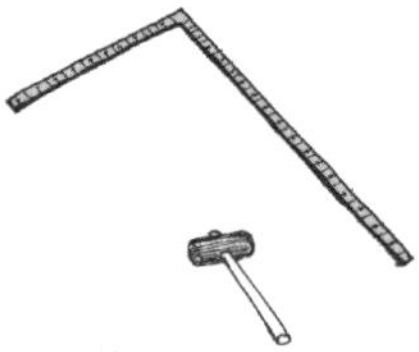

在處理比較大型的物體時，曲尺（或稱直角尺）是個不錯選擇。題外話，曲尺不僅可以測量、取得直角，還可利用背面的刻度，取得周長與對角線的長度。

カネ（矩）＝直角

建築物中，「矩形」以及「矩計」的「矩」，若在處理邊角時處理不慎，會影響到整座建築物的垂直水平。那麼，我們要如何確保獲得正確的直角呢？

答案是三、四、五

噢不，實在令人太開心了，沒想到這麼簡單。

師傅：
「聽好了小子，給我記住，
直角就是三、四、五」

學徒：
「好，我知道了！
但是師傅，為什麼
不是一、二、三啊？」

師傅：
「嗯？嗯……煩不煩！
是三、四、五
就是三、四、五啦，笨蛋！」

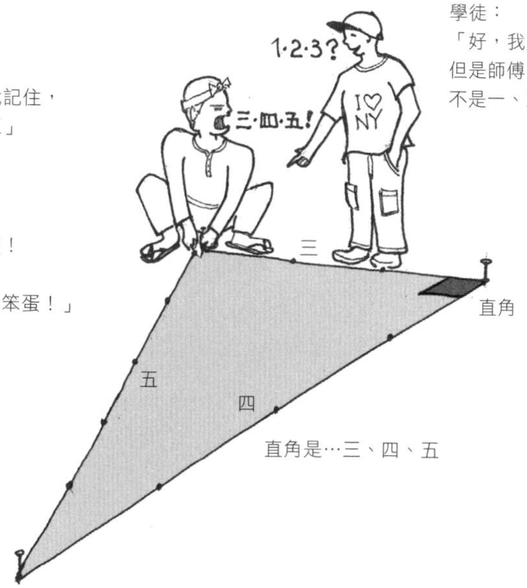

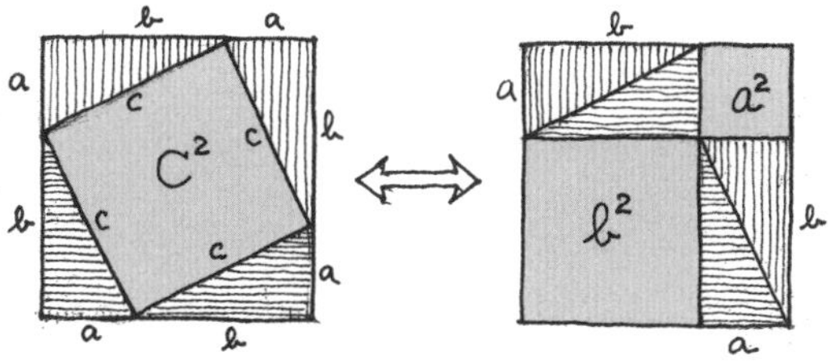

斜邊長是c、其他兩邊長度是a、b，$c^2=a^2+b^2$

利用圖解「畢氏定理」的證明

師傅才不知道什麼畢氏定理，他只知道三邊長3、4、5比例的三角形就會是直角三角形。3m、4m、5m也可以，15尺、20尺、25尺也可以，在工地現場，利用水線能夠確實地拉出大的直角三角形就行！

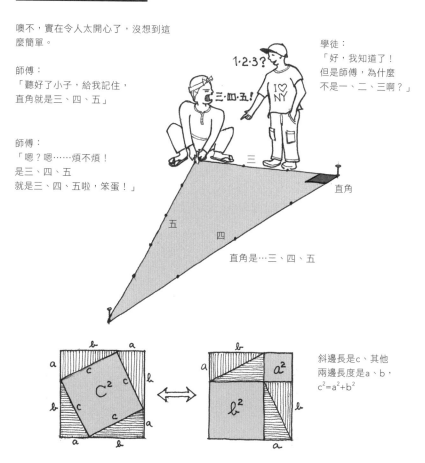

基本

第二

無論是哪個尺寸體系都還是曖昧不明

永六輔氏

尺、英呎、公尺

沒有一個尺寸體系是完全沒有缺陷的。
於是我們好像也能建立出屬於自己的模矩。

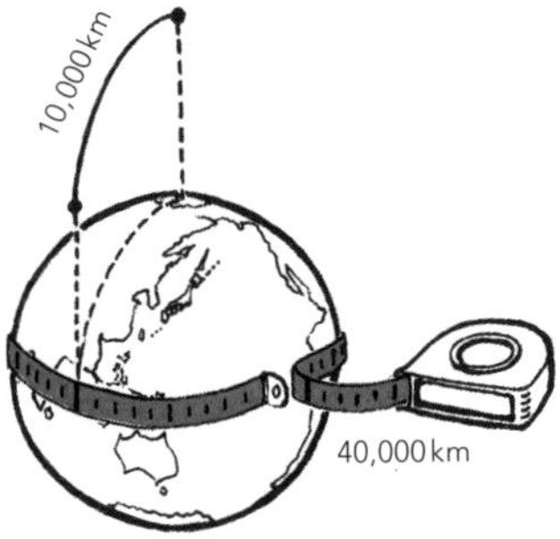

世界的尺寸體系

如果說「地球的周長，以赤道的周長來比喻的話剛好是4萬公里唷！」，聽到這樣的說法，通常會讓大多數人都會感到驚訝，並回答「哦！原來如此！」因為使用了「剛好」這個詞彙，就似乎暗示著某種偶然或者是奇蹟般的數字，而令人誤解。實際上，這只是在某一處，有了這個「剛剛好」的數值出現而已。

「從北極端點到赤道子午線的一萬分之一」，被訂定爲1公里。在18世紀末，革命成功的那些「巴黎混帳」，在志得意滿、洋洋得意地做了這個決定，然後再將1公里等分成1千份之後就是1公尺。不過也是因爲當時世界各國有著不同的長度基準，於是乾脆提出重新評定的想法，這樣果斷的舉動與氣概的確還是很了不起！

只是，因爲這樣就選定了以地球作爲基準的尺寸體系，其實有點誇張，難以有實際的感受。相對地，中國與日本以手臂長度作爲基準的「尺」、美國與英國以腳掌的長度爲基準的「英呎（Feet）」（比公尺短），這些單位更能貼近身體感覺，我們卻因爲「標準化」的揭示，逐漸摒棄了貼近身體感覺的民族傳統尺寸體系。

在日本，尺貫法＊在計量法中被禁止使用，對於這樣愚蠢舉措，永六輔先生於2016年離世前堅決反對，果敢高舉反對旗幟。他走遍全國，親自了解日本傳統工藝技術的工匠們的心聲，獨自一個人進到霞關，呼籲政府改正這個愚令，憑藉著自己強大的情報網絡，匯聚力量，不斷地呼籲，努力保留尺貫法。儘管最終計量法沒有回歸傳統，但至少使用尺貫法不會再受到任何罰款或處罰了。永六輔先生所取得的這項功績雖然鮮爲人知，但在日本工藝製作的歷史中，是備受尊重的。

＊尺貫法：源自中國度量衡的日本傳統計測體制。尺是長度的單位，相當於1/3米，而貫是質量的單位，相當於300克。

＊根據現在的技術，我們已經可以更加正確的去測量地球的周長，並不是剛好1萬公里、或是4萬公里。而且更確實了解到1公尺，其實並不是從地球的長度來做定義，而是從「光」去做定義的。

根據身體感覺而取得的尺與英呎（Feet）

1尺等於303mm、1英呎等於305mm，雖然存著些微的差距，但並無需要過分的強調。
根據身體感覺而取得的尺寸單位，這兩者都大致等同於30cm左右。

尺與英呎的起源

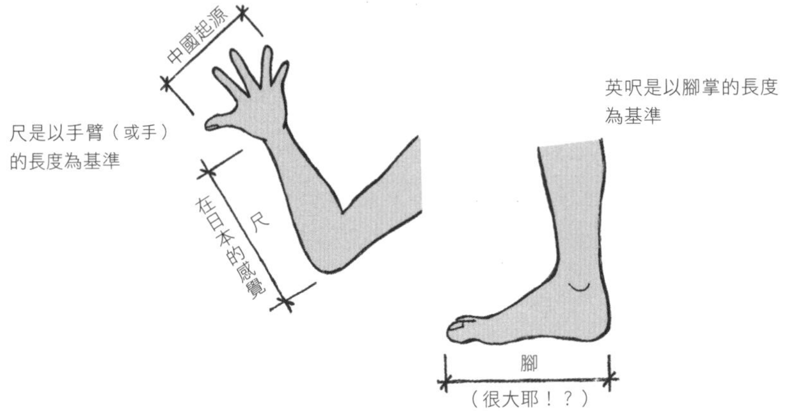
中國起源
尺是以手臂（或手）的長度為基準
在日本的感覺
尺
英呎是以腳掌的長度為基準
腳
（很大耶！？）

30公分的話可以一目瞭然

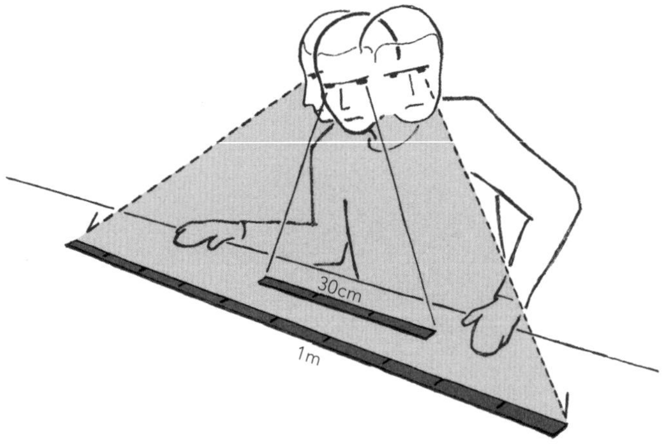
30cm
1m

尺與英呎，不僅是手跟腳的尺寸，在視覺上也可以說是一種方便使用的度量單位。確認手邊的長度時，30cm的話一眼就可以把握住，但如果是1m時，就需要移動視線才能掌握整體長度，所以說30cm是一個絕妙、可以「一目瞭然」的尺寸。

根據身體尺寸而來的三六仔(台)

三六仔指的就是3x6尺（909x1818mm）的俗稱，
標準尺寸的榻榻米大小也是一樣。

可以將全身包住的3x6尺

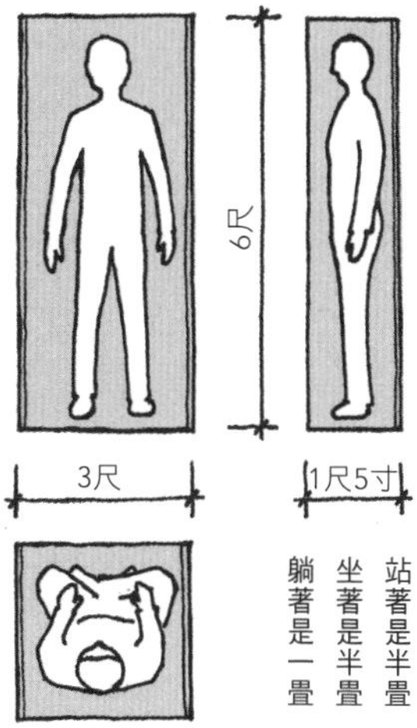

3×6尺是榻榻米的規格尺寸。唷！「三六仔」的登場唷！很常會比喻說「站著半 、躺著一 」或者是說「坐著半疊、躺著一疊」。

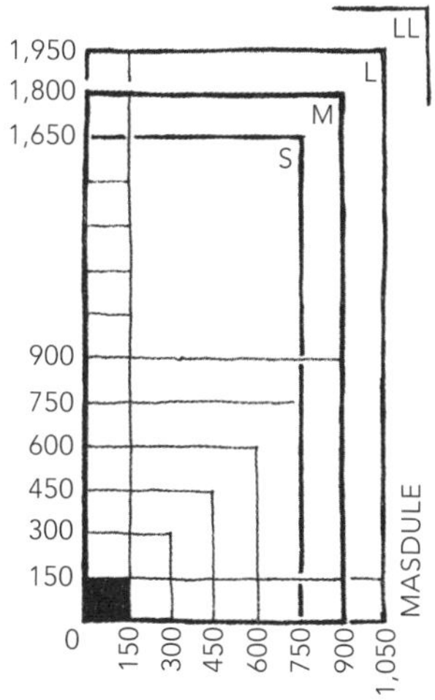

嗯？你說現代社會平均身高變高，1×2m的尺寸比較實際？但我還是喜歡0.5尺≒150mm的這個標準，以三尺六為基礎的3.5×6.5尺（≒1,050x1,950mm）這樣的L尺寸當作寶貝。（非常抱歉，1m與2m這種的半調子尺寸，我這邊沒有）

注：無論是尺或是英呎，都根據各種歷史的變遷，到現在都還是沒有一個一定的說法。
＊尺，關於和洋裁縫時所使用到的鯨尺，在這裡就沒有多做討論。
＊關於榻榻米的尺寸，從京間（關西地方所使用的榻榻米）到關東間（關東地方所使用的榻榻米）有著些許不同，還有各種不同的團地尺寸，在這裡以平均值的大小（中京間左右）來做陳述。

白銀比例

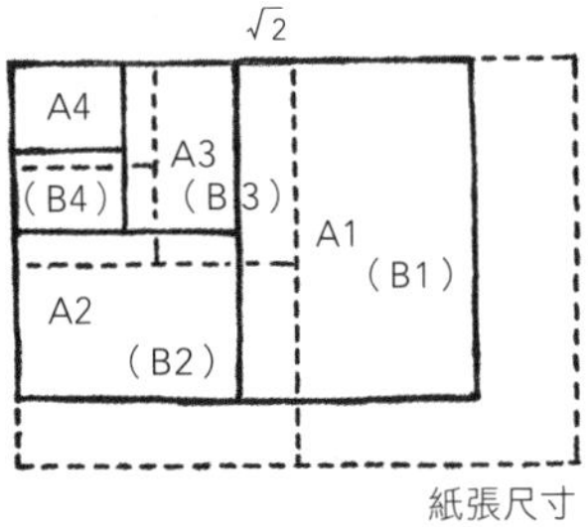

黃金比例

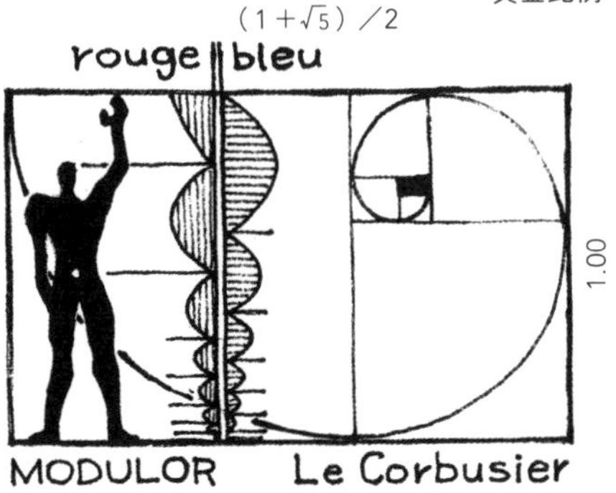

關於對尺寸系統的說明與評價，當然只是我的個人見解，有錯誤還請見諒。

模矩簡直就是個傳說

說到全身的尺寸，就會想到建築師柯比意所提出的「模矩系統（Modulor）」吧！「Module d'or」指的就是「黃金比例的尺寸基準數列」。將人的身高與到肚臍的高度比，利用黃金比例去分割，最後提出建築設計時可使用的尺寸群。只是，因爲是等比例的數列，實際使用起來並不方便，等比例的數列，算是一種面積（平方）的系統，很難說是一種新的尺寸系統，實在有點可惜。

隨著尺寸的增大，更容易露出破綻，而爲了要去補足這個缺陷，模矩系統除了有以「人的身高」爲基準的紅色系列，更提出了以「人把手舉高的尺寸」爲基礎的藍色系列，但這卻使得整個尺寸系統變得更加混亂。就像我們平常使用的，分做A尺寸系列以及B尺寸系列的印刷用紙，它們雖然一樣具有相同的幾何特性，但我們並不會將A4跟B4混著使用，你說對吧？

尺・英呎・公尺的分割與擴張

好的，那我們把尺・英呎・公尺的這些單位展開來看看，
是如何變短又或是變長。這其實也是相當複雜的。

尺

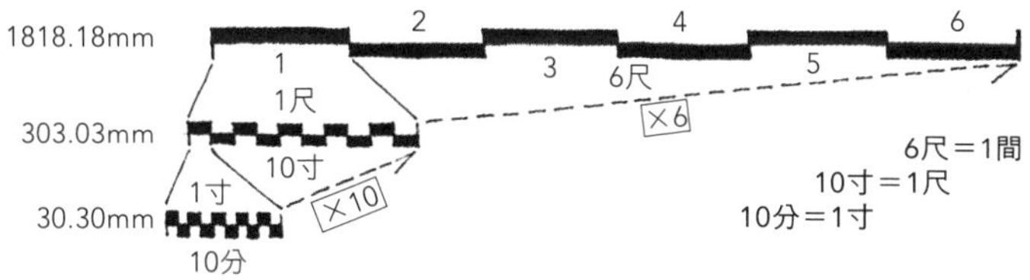

將較短的一邊分為10等分。1尺=10寸、1寸=10分、1分=10厘。
而較長的一邊以6的倍數來計算。1間=6尺、1町=60間、1里=36町（1丈＝10尺作為例外來看）

英呎

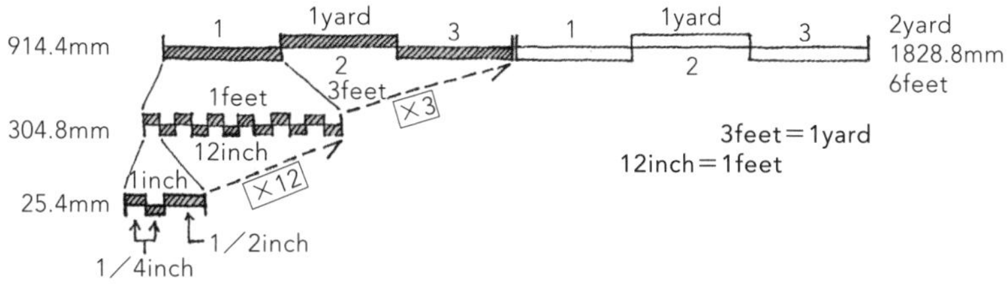

較短的一邊以12等分計算，1英呎＝12英吋。
只是，比這還小的尺寸以1/2 英吋、1/4英吋這樣的分數去做分割。
較長的一邊，首先將它以3倍計算，1碼＝3英吋。
算出的結果…1英哩=1,760碼……我投降了…
1,760既不是12的倍數也更不是3的倍數啊…

總、總之，尺或者是英呎都是混用10進位與12進位的尺寸單位。
人類的手指，兩手加起來有10根，而12是被認為，有著像是2、3、4、6這樣較多的公約數，所以也常被拿來做為基準來計算。

公尺

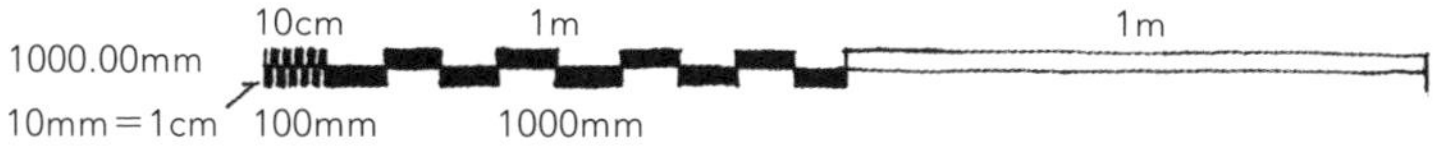

1km＝1,000m、1m＝100cm、1cm＝10mm、的隊伍強度

所以，是你的話會怎麼辦呢？還有另一個方法是，將1/3尺≒100mm去做計算，這樣的話尺貫法與公制法似乎可以達成了共識（妥協）。

基本

第三

這份圖是爲了誰而存在？

基本篇：方位與平面配置

考慮原理，想像空間

圖面，應該考慮著第一個看圖的人之視角去做繪製。

看圖的同時可以很直接、很容易的在腦中構成想像的圖面

透過前後翻閱、對照著那些被繪製、被裝訂好的圖面，然後就可以想像出立體的畫面吧？這種體驗不像是閱讀單行本小說時，那種按順序翻頁讀下去的感覺。如果我們設計師只是覺得，把圖畫完、疊好，然後裝釘起來就可以了，就會過於膚淺，不夠正確。

因此，我們首先需要考慮圖面的配置以及方位朝向。

下圖是某住宅的平面配置圖，從西側道路進入基地，主要的出入口（玄關）位於西側，而南東面則有個露台。在這張包含著面前道路與鄰地的圖面，在圖面上應該要朝向哪個方向，則需要根據希望讓觀看者看到什麼，來做出適當的決定。

圖紙上圖面的朝向同時包含著你的設計意圖，以及期望他人在觀看時能夠理解的內容。

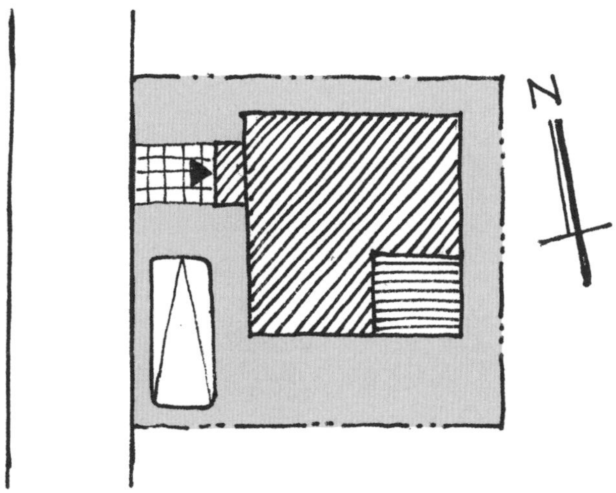

配置圖、平面圖，要朝哪個方向比較好？

一般我們受到的教育大多是「北邊朝上配置建築物平面圖」，
但是實際上，要朝向其他方向也都是沒問題的。

北向朝上

說到北向在上，應該沒有真的老實地將正北朝上，刻意畫出像A圖的建築物這樣，斜斜配置的人吧！大部分的設計者，應該都是像B圖那樣去繪製平面圖的（這點無庸置疑）。

A

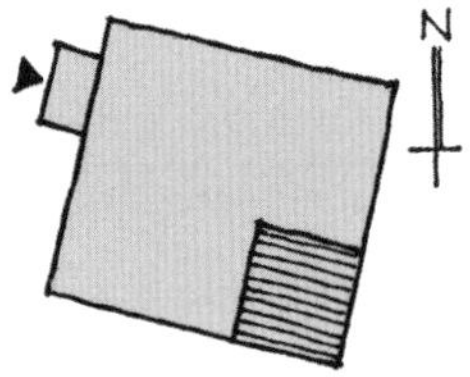

B

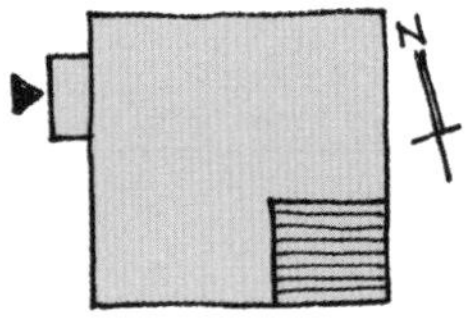

有露台的圖面南向朝上

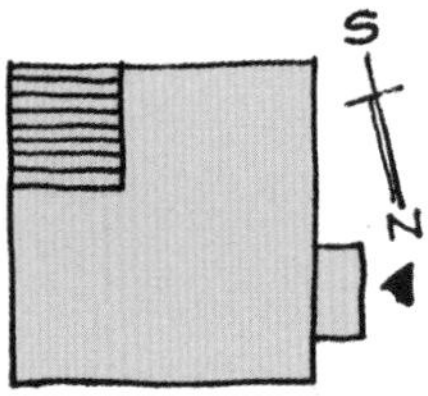

我們在不知不覺中，總是會感受到光從前方打進，所以說看著南向朝上的平面圖時，就會自然地呈現出圖面上方可以得到日照的想像，包括建築家清家清先生在內，有許多住宅設計的專家都主張「住宅的平面圖應該以南向朝上」。

西向朝下

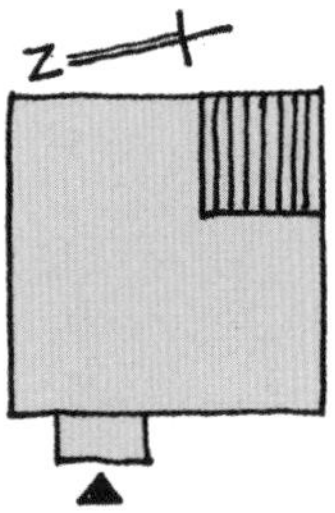

這個方位也沒有什麼大問題。從西側道路進到敷地，經由玄關進入住宅內部，穿過空間之後從南側的露台出來，也就是說，這是一個可以很清楚抓住動線的圖面配置朝向，因為大部分的人，都習慣從下往上看，找尋自己行走的方向。

圖面的配置需要遵照的一般原則

各層平面圖的排列方式，應該要讓人可以一目瞭然！
若不遵從排列的原則，就會難以辨識。

從下往上

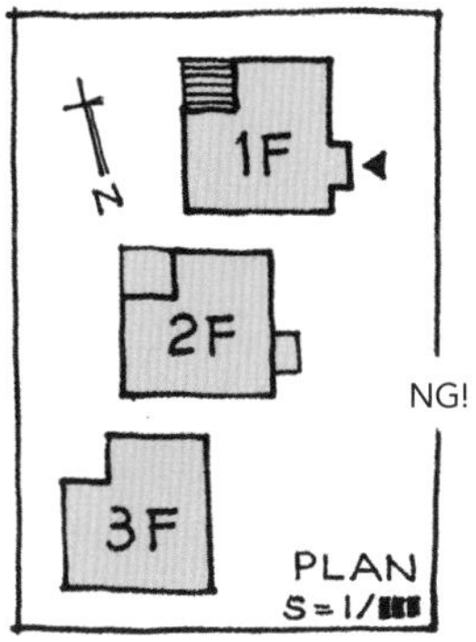

左圖是在一張圖紙上面繪製了三層樓住宅的各層平面圖，遺憾的是，這個圖上犯了兩個錯誤。

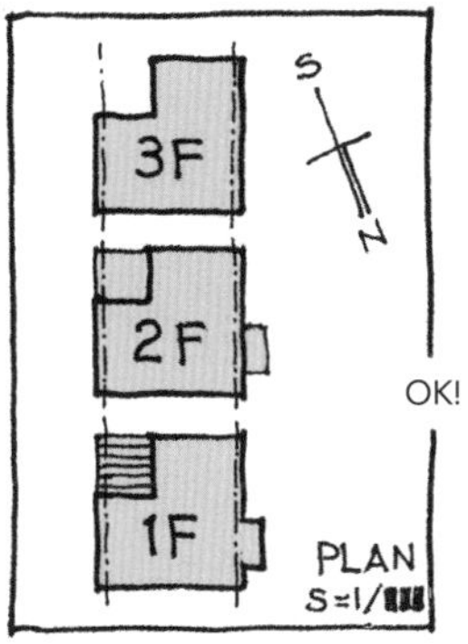

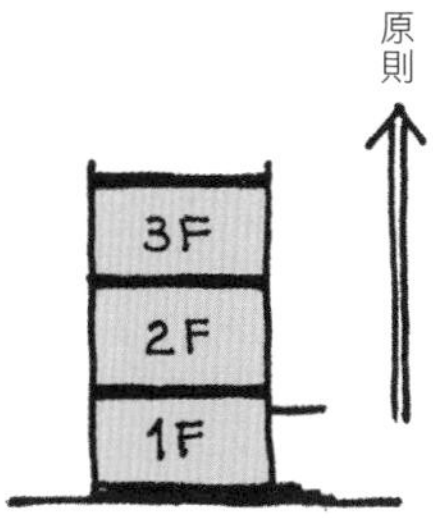

正確的畫法，應該要像是左圖這樣的配置較佳。首先，Y 軸方向的基準線必須對齊，然後各層樓的配置方式需要從下往上，高層樓在上，低層樓在下。這就是一般的原則。

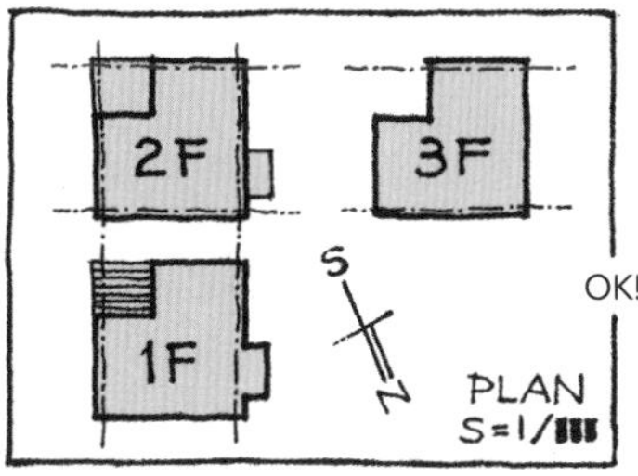

若是把圖紙擺成橫式，這樣的配置方法也是蠻自然。

繞著繪製建築立面圖及室內立面圖（展開圖）

建築立面圖、室內立面圖，也必須去考慮排列的方式。
其實只要左右「展開」排列，就很容易理解。

立面圖要逆時針旋轉

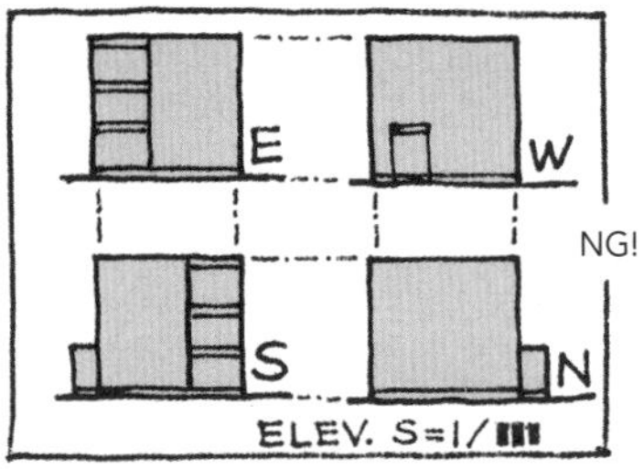

在橫向圖紙上繪製建築四面的立面圖時，需要確保上下左右的基準線對齊，這應該算是基本常識，不需重提。儘管如此，左邊圖面中仍然存在錯誤，你知道錯誤在哪裡嗎？

逆時針旋轉
E→N→W→S→E→N→W→S

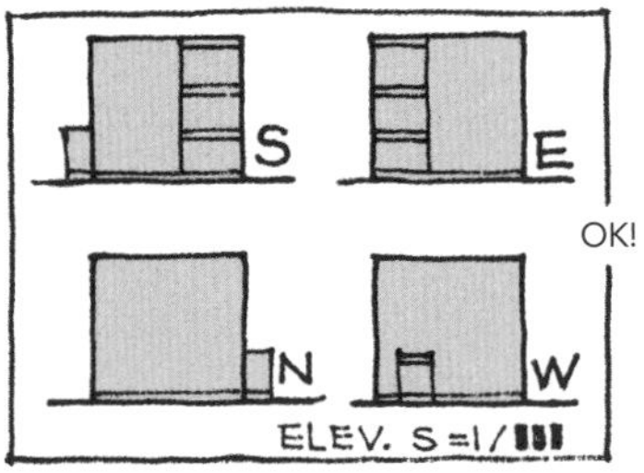

這個是正確的立面圖配置方式。繪製立面圖時，可從東、西、南、北的任何一方做開始，也可以從主要入口的那一面開始。但隨後的立面的方位，必須逆時針旋轉去配置的，這樣的配置方式可以使得兩張圖面的鄰接側合併在一起，自然而然地容易理解，這就是原則。

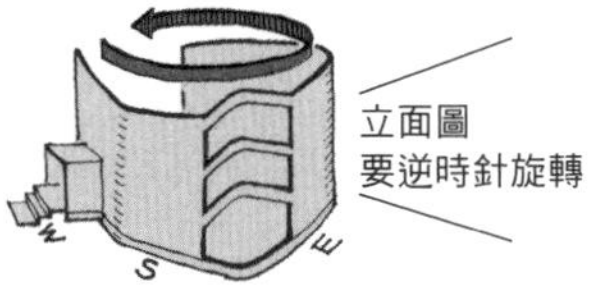

室內立面圖要順時針旋轉

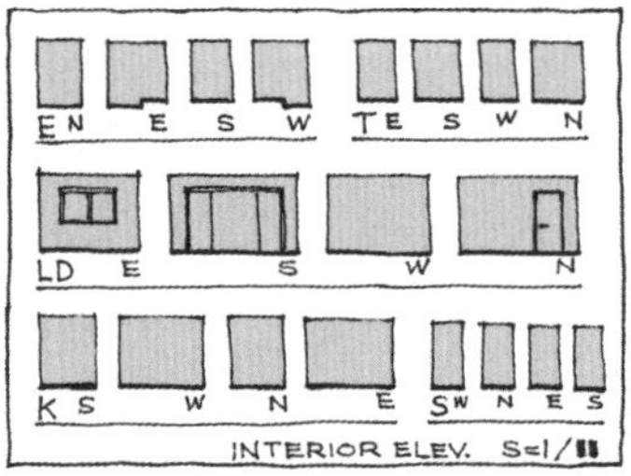

E→S→W→N→E→S→W→N→E→S
順時針旋轉

繪製一個房間的室內立面圖的時候，可以從東、西、南、北的任何一面開始。不同於建築立面圖的是，繪製室內立面圖時，需要順時針旋轉。（麻煩的說明我就省略了，應該可以想像了吧）

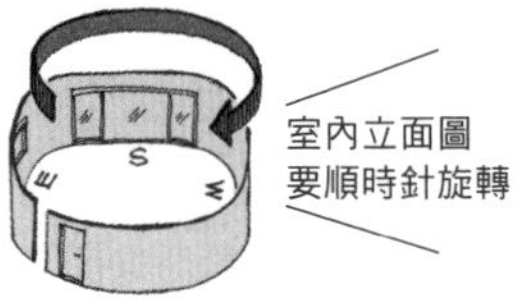

♫ 翻來翻去　翻閱著圖面 ♪

最後，請回想一下裝訂成冊的圖面閱讀方式，
如果每一頁的版面配置位置沒有對在一起，對於閱讀者來說是很不友善的。

裝訂成冊的圖面的版面配置位置

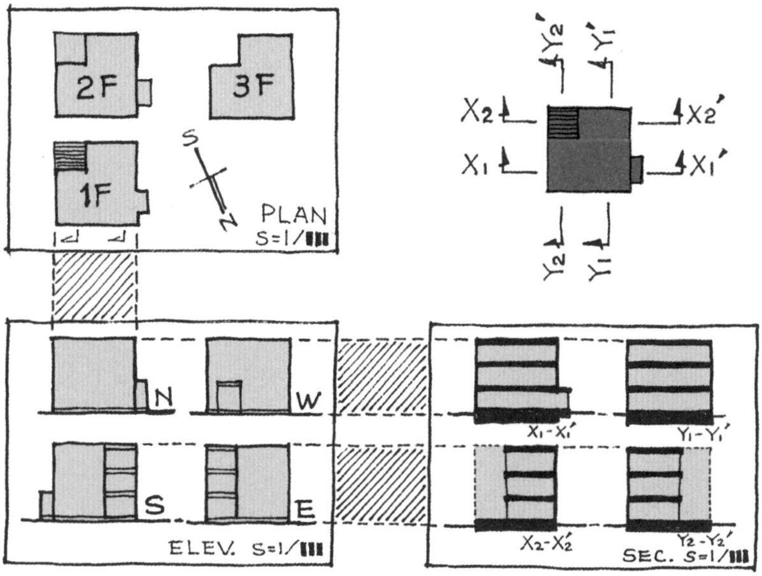

一般會是依照平面圖、立面圖、剖面圖的順序去裝訂，但也有以平面圖、剖面圖、立面圖這樣的順序去裝訂的設計者，其實無論是哪一種都沒關係的。

把圖面翻來翻去，即使圖面類型有所改變，但都是同一棟住宅的圖面。如果正在看的頁面與接下來的頁面的基準線一致，透過翻頁就能很容易的在腦中想像出建築立體的樣子，雖然這不算是原則，但卻考慮著閱讀者的感受，更加友善！

基本

第四

這份圖是爲了誰而存在？

應用篇：圖面的升格

從設計平面圖開始到實施設計圖
圖是為了創造空間而做的模擬，
最終是為了實現空間的傳達工具。

圖是為了你以外的人們所繪製的

聽到「1公尺又50」，建築關係行業的人應該會馬上判斷是1m50mm，但是一般人應該都會覺得是1m50cm。建築設計圖習慣以 mm 作為單位來繪製，但那就只是這個業界的慣例，有點像是建築宅才會有的習慣。

我們建築相關行業的人要畫很多的圖，但光是只看圖，不會知道建築物的大小，所以需要在圖上標尺寸，爲了讓這些尺寸更加明瞭，了解尺寸所表示的位置，就需要繪製基準線，圖與基準線與尺寸，再加上比例尺，這四個好夥伴聚集起來，就讓「圖」升格爲「圖面」！

在謄清圖面的時候，先確定順序、設定比例，然後繪製基準線，接著以基準線爲標準，開始繪製圖面，最後是標上尺寸。

然而，這樣繪製出來的圖面，看起來資訊豐富，可惜有時候會過於複雜。我們設計者，經常會有圖面越複雜看起來越厲害的這種自我感覺良好的職業病。業主們看到這些複雜圖面的當下，反而會感到緊張畏懼，特別是在標示尺寸的部分，看到標示的數字就會暈頭轉向的人們，可能比我們想像中的更爲普遍，尤其是以 mm 爲單位的尺寸，更是火上加油。

比起尺寸（長度），業主們更想要知道面積（寬廣度）的大小，而且不是平方公尺，而是家裡的坪數或者是房間的疊數＊，我們在繪製建築設計圖面的平面圖時，不太會把面積大小標示上去，但是在住宅販售或是建商的大樓的平面銷售圖上，一定會以「○○J」的方式標上疊數，J就是「畳」的簡稱，也會讓人聯想到「Japanese（現代日式）」，感覺上更時髦了些？

畫出更容易理解的圖面，是繪製圖面時基本中的基本。在圖面標上、寫上各種不同的資訊，若是難以辨識與理解，那實在是無濟於事。在繪製圖面時，同時思考著「別人會以什麼樣的方式閱讀」，應該能夠繪製出適合目標對象的表達方式了。

＊疊數：日文寫成畳数，日本計算房間大小的單位，1疊約等於 $1.63m^2$

爲了讓業主更容易理解，設計平面圖要繪製的簡單明瞭

我通常初次給業主看的圖面會以手繪的方式呈現，看起來不但更佳柔軟溫潤，而且也可以將「這只是草圖」之意圖傳達出去。

好理解的設計平面圖

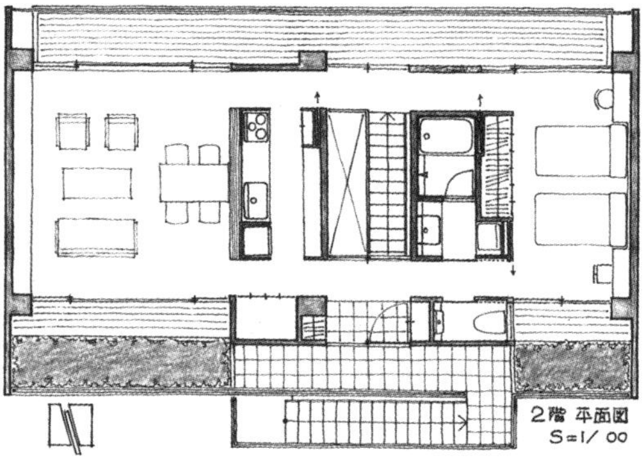

不寫空間名稱，只畫上家具，這樣比較能夠想像出內部空間的感覺，這時候也刻意不標上尺寸。

代替尺寸標示的方格

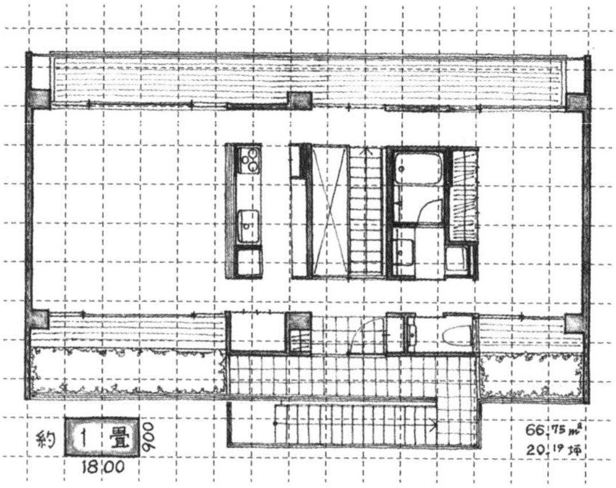

疊上表示半疊大小的方格紙，來替代尺寸的標示，只需要數一數每個房間的格子，便可以迅速算出疊數，就像解謎遊戲一樣。

爲了讓業主更容易理解，實施設計圖要繪製的簡單明瞭

建築計畫進行到實施設計圖面繪製時，必然要好好地將尺寸標示到圖面上。
尺寸的標示方法也會影響設計意圖的傳達。

什麼是確實的尺寸標示？

A

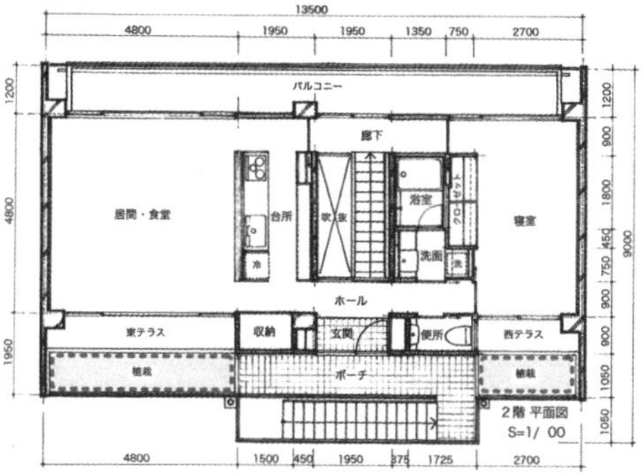

B

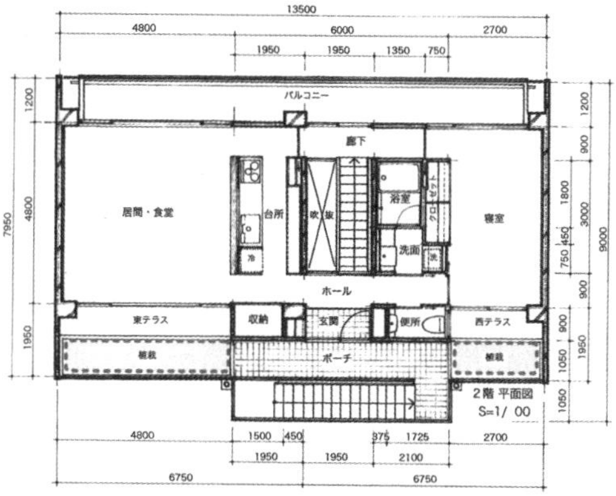

A與B圖的標示尺寸方式有所不同，但無論是哪一張圖，都沒有不足之處。A看起來比較清晰，而B看起來過於複雜繁瑣，雖然跟前面的說法有點不同，但我會將勝負判給B，我相信不用說明大家應該也看得出來，B圖這樣區分各種不同階層的標示方法，可以更明確的表達空間的劃分方式。

樓梯的箭頭方向是往上爬的方向

順帶一提，表示樓梯升降方向的箭頭，無論是哪一樓的圖面，將箭頭指向往上爬的方向更為清晰明瞭。在圖面上經常會看到「←UP」以及「DN→」的標記，UP暫且不提，但將DN視為DOWN的縮寫或許稍嫌主觀，如果說未標示UP和DN就無法區分，其實有點過於贅述。因此，將所有的箭頭都指向往上爬的方向，自然而然地就很容易理解了。

就如這4張圖上
所有樓梯的
箭頭指向

畫到剖面詳圖(矩計圖)時，需要特別的慎重

剖面詳圖是表示結構體與完成面材之間關係的圖面，
換句話説，就是把工程的初期階段與最終階段同時繪製出來。

一直暗示到工程階段

結構體與完成面材所牽涉到的職種想當然而是不同的吧？下圖是一棟三層樓高的木造建築剖面詳圖，右側標示著與結構體相關的高度尺寸，而左邊則標示了與完成面材相關的高度尺寸，有只需要知道右側資訊的職人們，就會有只需要左側資訊的人吧！而涉及兩方工程的某些人，就必須充分掌握整個工程才行！

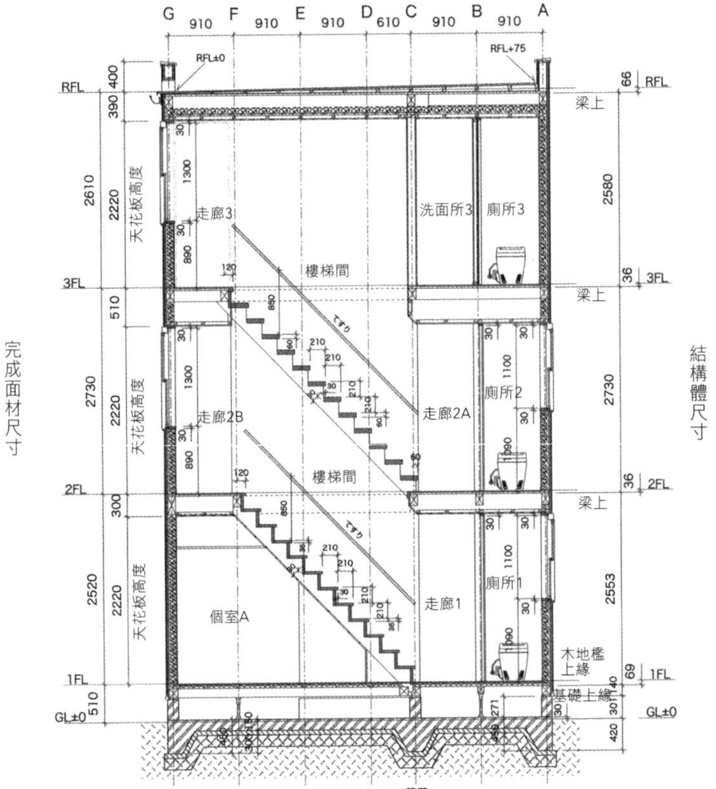

剖面詳圖 S=1/[redacted]

畫家具詳細圖不如畫家具的手繪透視圖

業主相當關心的木作家具部分，比起漂亮的電腦繪製出的圖面，
有點手感的手繪稿會更容易讓人理解。

家具職人們也都大力稱讚手繪透視圖

木作家具圖一般會被分成平面圖、正向立面圖、側向立面圖、還有剖面圖四種圖面來繪製，但這樣的分類對於一般人來說可能難以想像並理解。一般只要看到這種被分解成四面的圖面，就會不知道這到底是什麼圖了吧，相較之下，透視手繪稿反而更容易理解，連實際製作家具的職人們，也都相當推薦這種方式！

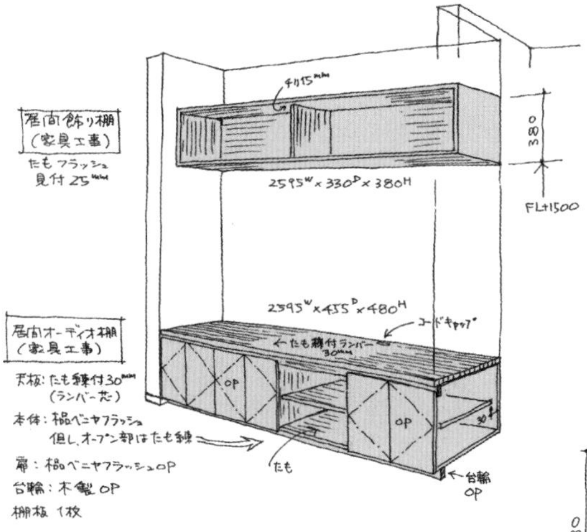

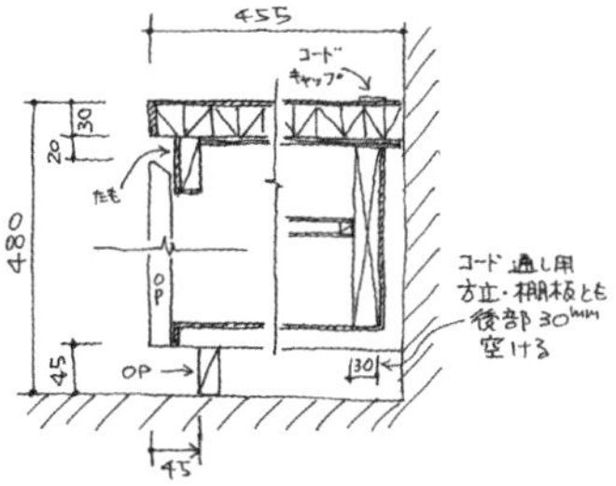

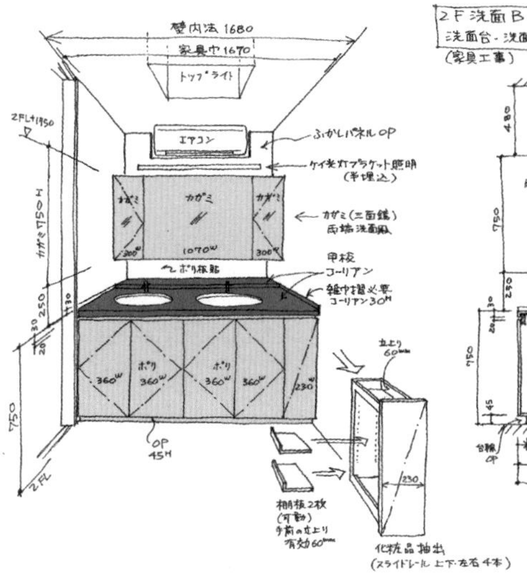

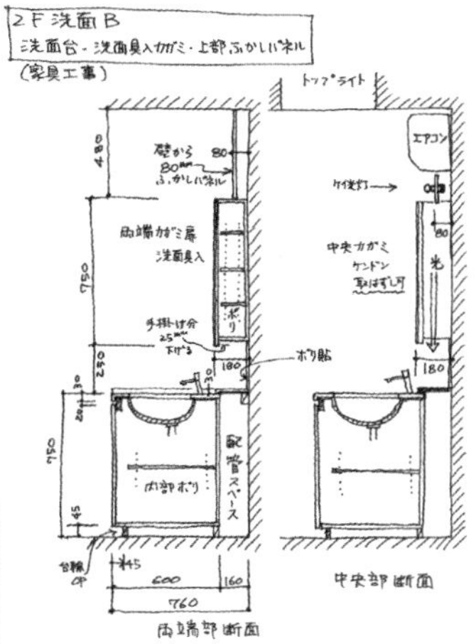

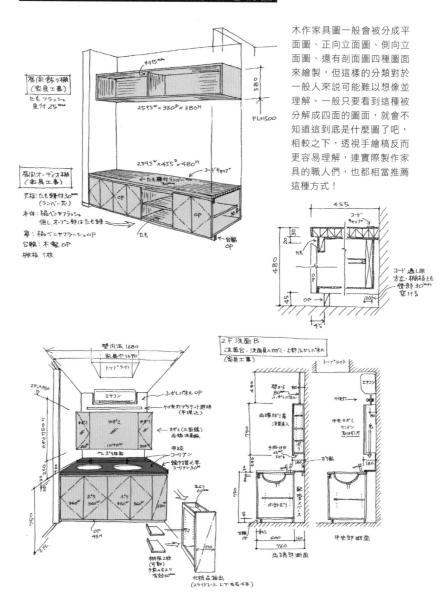

基本

第五

總之就記起來吧
建築工地現場的用語字典

剛開始學的時候，簡直就像是外語？外露構件的正立面寬度（ミッケ）、外露構件的側面深度（ミコミ）、進出面面差（チリ）、窗框周邊的牆壁深度（ダキ）、對齊（ゾロ）……到底是些什麼東西？該不會是串燒的菜單吧！？

準備迎來工地現場用語的風暴吧

「欸欸設計師，這個門框的細部收邊是要切45度角接合，還是要直接平的接？平接的話這根直材延長上去可以齁？阿你這個「畫」畫成這樣，我看不懂捏。」

從學校畢業後就職，無論是什麼樣的業種都要迎接「現場用語」的風暴襲來，你是不是也一樣，第一次去工地的時候，簡直就像是出了國的感覺，工地師傅們把你的「圖面」說成是「畫」，好像眞的被看穿只是個菜鳥。其實就坦然接受自己的不足，不需要不懂裝懂，坦誠地什麼都問是沒關係的，其實每一位師傅都很和善，會和藹溫柔的解釋給你聽。若你在工地時緊張害怕，什麼都不敢問就這樣回家了，我覺得那才是最糟糕的。不過，我還是做了一本「總之就記起來，建築工地現場用語字典」。

立體的尺寸標記

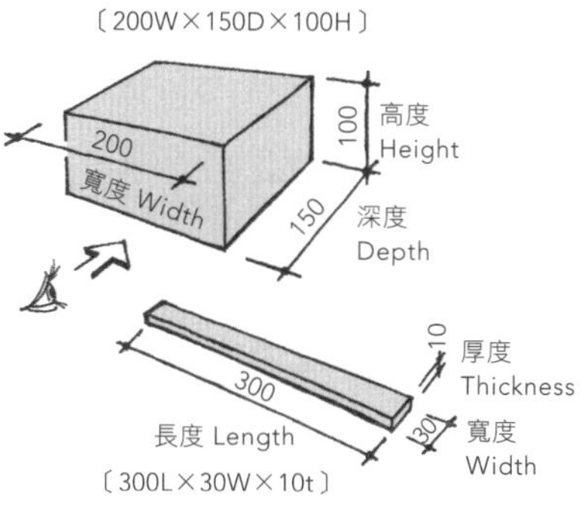

構件外框實際尺寸與內側有效尺寸

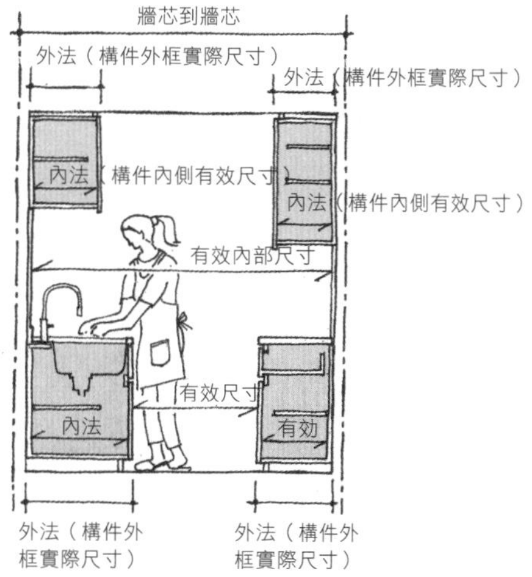

建築物的高度標示

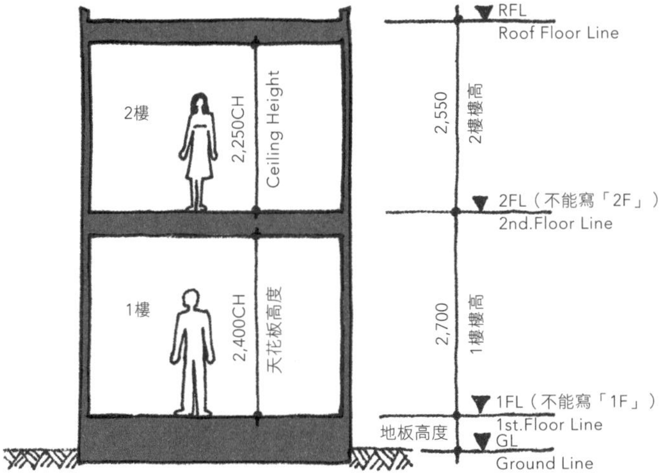

代替尺寸標示的方格

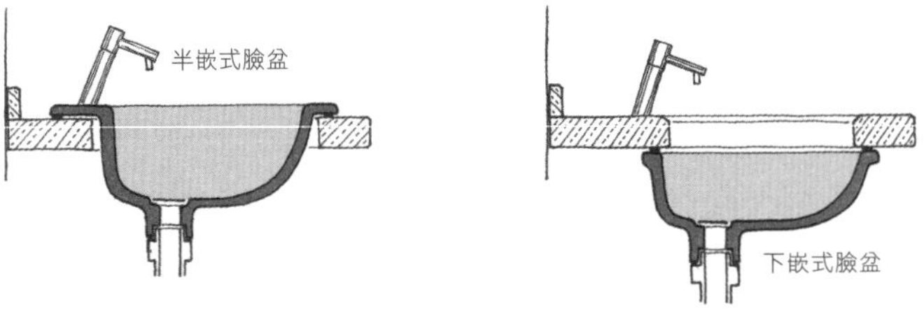

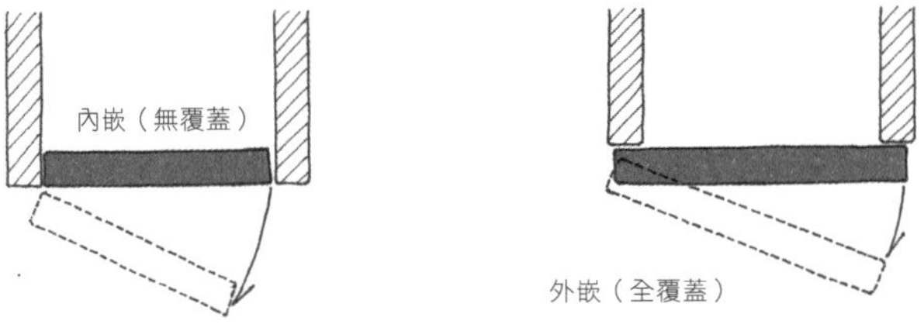

開口部周邊的稱呼

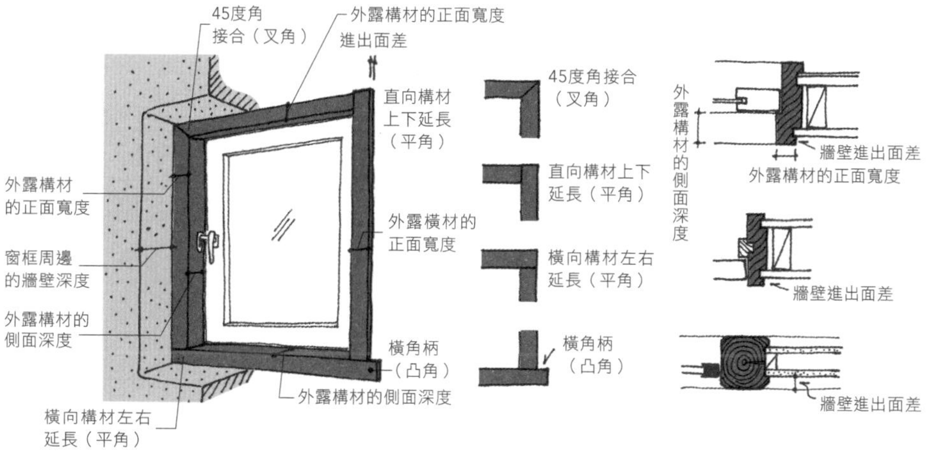

兩個構件的收邊方式

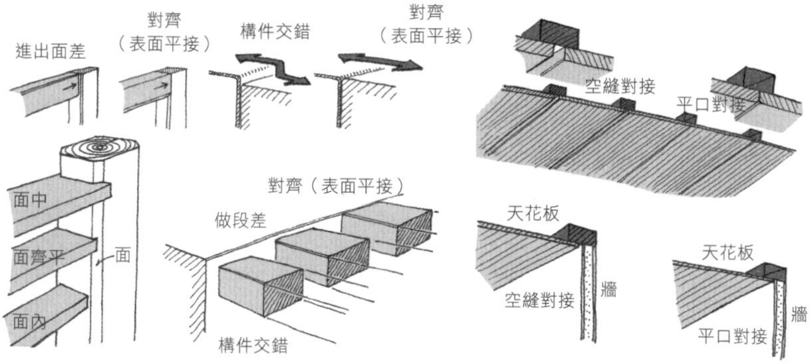

同材・同色

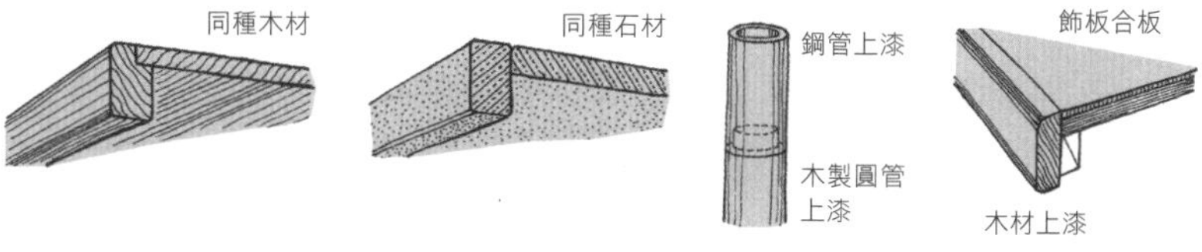

同材：不同的構件都用同樣的材料去製作之意

同色：不同的材料漆上相同顏色之意

張貼與排列方式

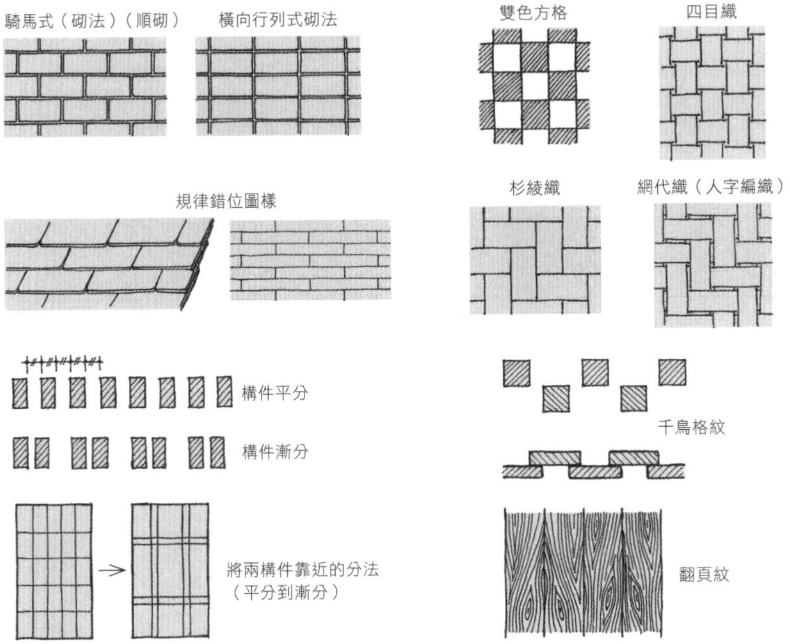

對接與鑲接方式

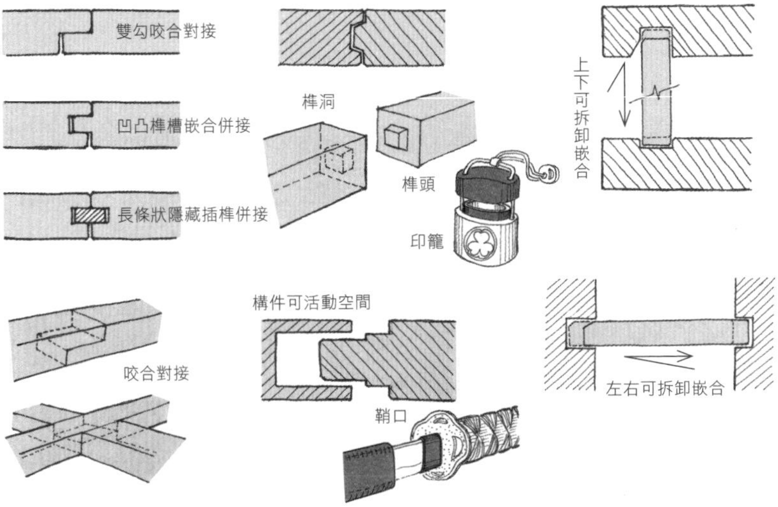

材料的素質與大小

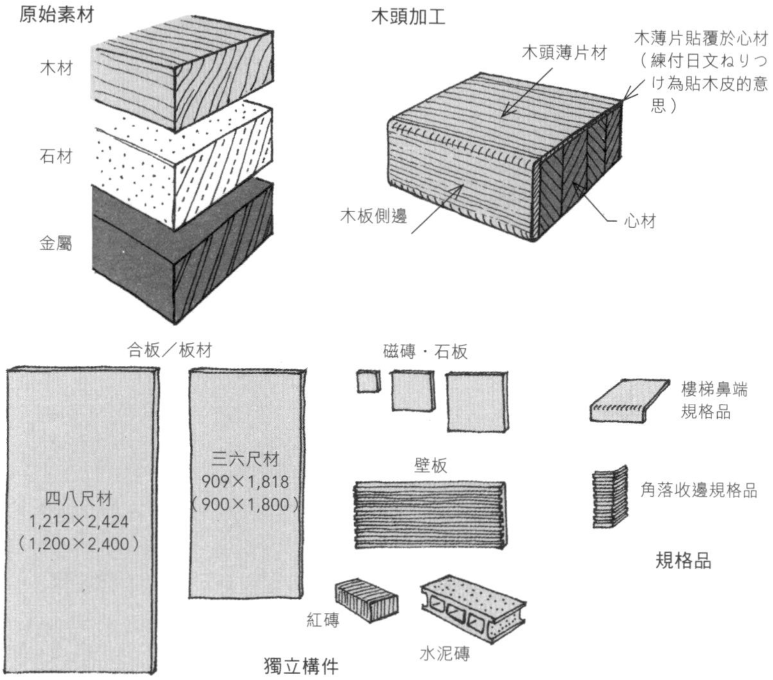

木頭的表情與素性

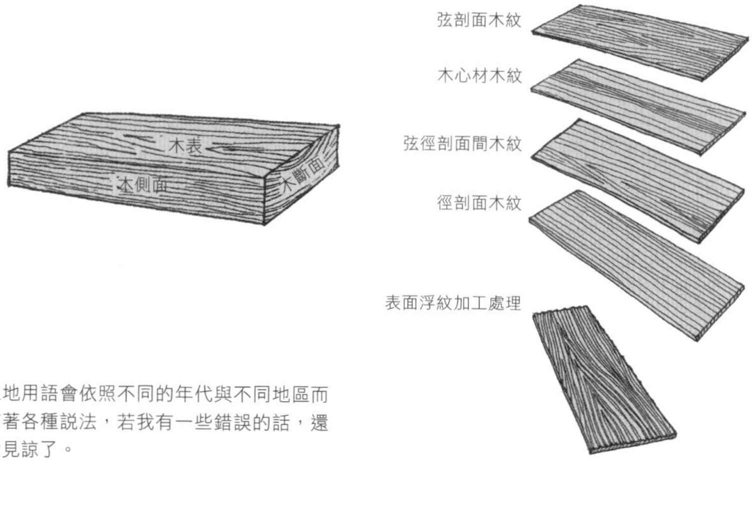

工地用語會依照不同的年代與不同地區而有著各種說法，若我有一些錯誤的話，還請見諒了。

基本

第六

對抗「蒙面俠蘇洛（Zoro）*」有點棘手

對齊（Zoro）並不一定就可以解決（kaiketsu）*

避開或是逃避都是明智之選，

閃躲迴避更是極具優雅的態度。

*日文的蘇洛發音（Zoro）與對齊相同

*日文的解決發音（kaiketsu）與怪傑相同

不刻意且自然的細節

每次被問到「踢腳是為了什麼原因存在？」時，大家想了想之後的回答通常都是「為了不要讓吸塵器傷到牆壁啊」。但這其實是個大誤會，因為早在吸塵器被發明之前，更早以前就存在著「踢腳」這個東西了，甚至還有像是「榻榻米收邊條？」「天花收邊條？」的東西？是的，這些都是為了讓接合部有更佳優雅地收邊，而存在的構件。

雖然經常聽到細部很重要但細節很難之類的說法，實際上，大多數的細部處理都涉及到構件接合處的「操作方式」。對於不同材料之間的接合，每個人都會謹慎處理；相比之下，同種材料間的接合相對容易，只是當構件的尺寸與方向有所不同時，依舊需要仔細檢討，以達到最完美的收邊效果。

就算在同種材料的情況下，端部有時可能會被直接切斷而未受處理，或者在油漆或泥水工程，有時候會因爲補東補西，來來回回的就容易出現粗糙、刮傷或是隙縫等問題。但也不能就放著不管，還是必須花心思修補，或乾脆補上其他構件來遮蔽它了！踢腳、天花板收邊條或是門框這些構件，實際上都是被委託進行這項重大任務的精選飾面材料，簡單來說，就是「隱藏瑕疵」的利器。

處理細節的訣竅，在於避免不必要的複雜，防止陷入「爲了細節而設計細節」的陷阱裡。即使是優雅昂貴的構件，若沒有處理好細部的檢討，反而會顯得不雅粗糙，令人感到遺憾。另一方面，即使是便宜的構件，如果被巧妙地安置進乾淨漂亮的細節中，仍然讓人感到舒心，並顯得高雅有品味。這種一切如常、不造作、不刻意的細節，反而更可被稱爲「巧妙聰明的設計」。

隱藏瑕疵的邊框飾面材料

收邊條、收邊材、邊框…或者是各種以「收邊」為名的材料，
幾乎指的都是將不同材料的接合處做細部收邊處理的部材。

各種邊框

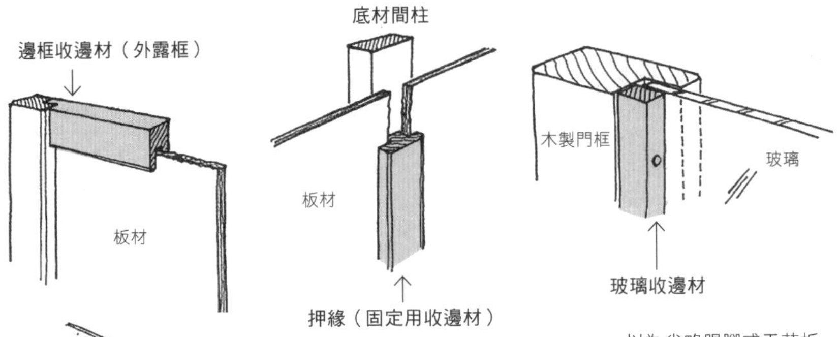

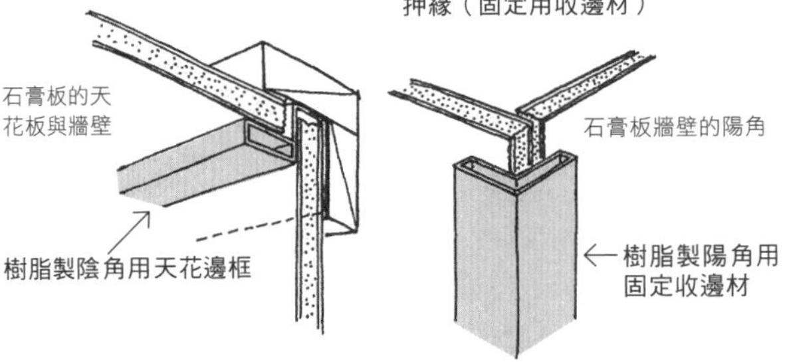

以為省略踢腳或天花板收邊條，或將不同的材料塗成相同顏色應該可以省下一些費用；然而實際上，因為沒有這些收邊條，施工時需要更加仔細，因而更加花費精神，反而會讓工程費用的估價變得更高。

舞台與後台

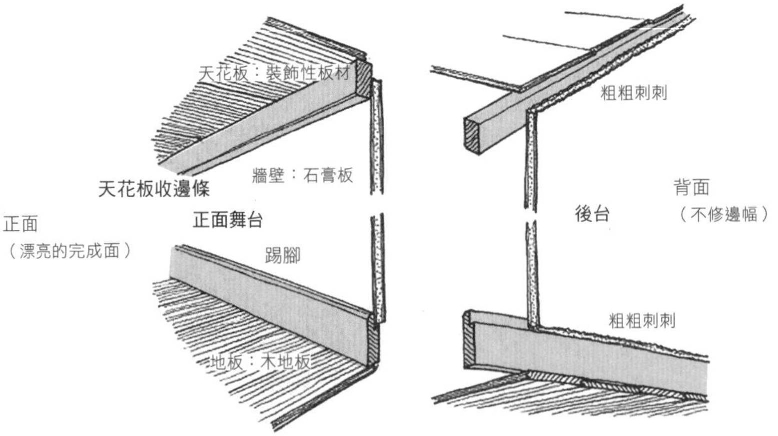

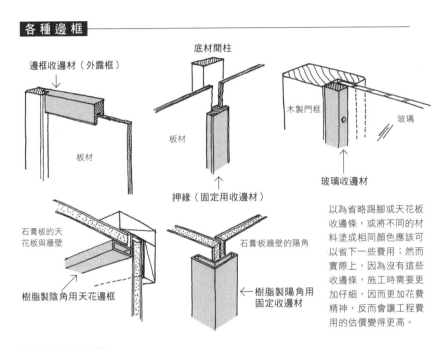

對齊，實在難以處理

確實，「對齊」令人感到舒心，但在完工當下明明整齊清爽的這些部分，
隨著時間推移，慢慢地都出現了縫隙，反而令人感到可惜。

讓職人們哀嚎的平口對接

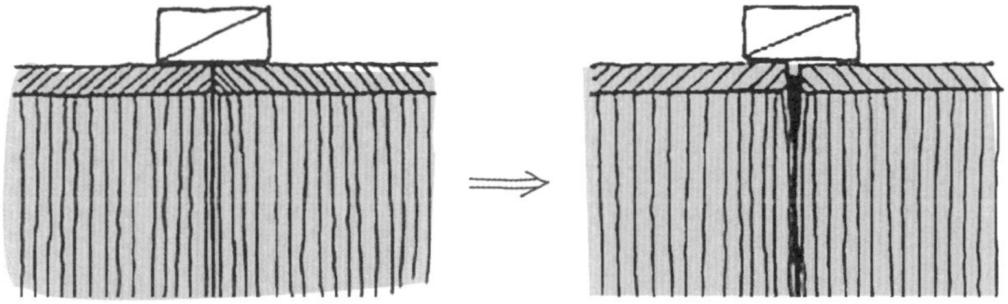

裁切下來的材料端部就不用說了，未經過裁切的構件本身，邊緣也不一定會是完全筆直的，因此，在進行接合工作之前，必須進行削平與磨平的處理。

即使仔細地進行了接合的工作，隨著時間的推移，還是難免出現不規則的縫隙。尤其在平口對接的工法上，要完全避免縫隙的產生是相對的困難。

邊框收邊材的45度角接合

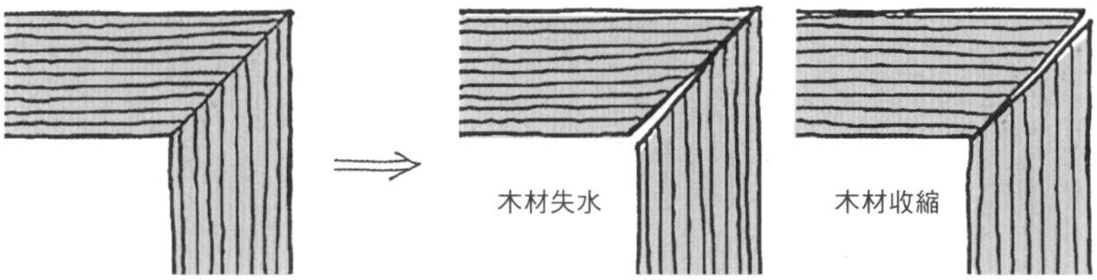

邊口會打開

平口邊框的對齊

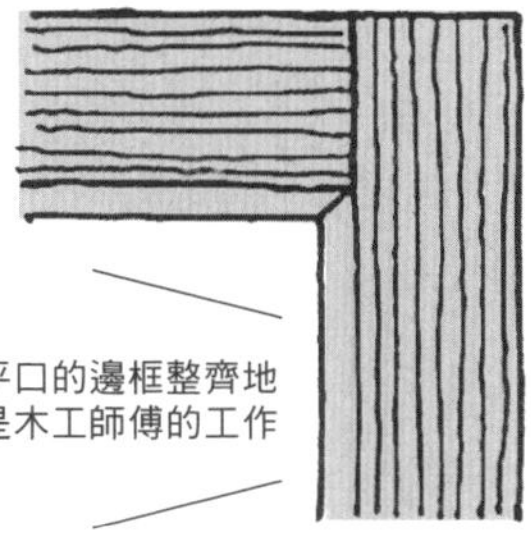

將平口的邊框整齊地
收邊是木工師傅的工作

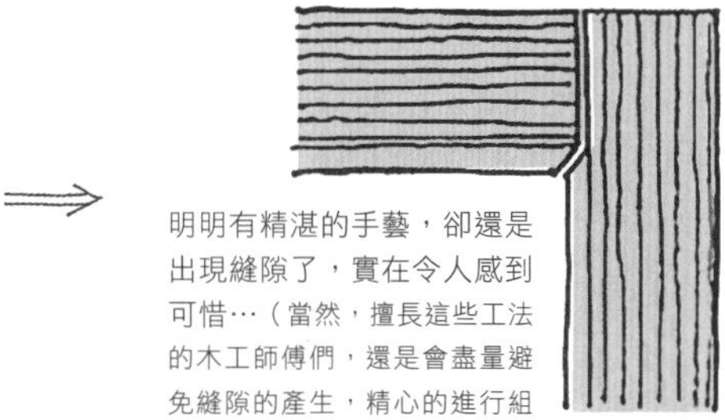

明明有精湛的手藝，卻還是出現縫隙了，實在令人感到可惜…（當然，擅長這些工法的木工師傅們，還是會盡量避免縫隙的產生，精心的進行組裝工作！）

不自找麻煩，麻煩就不會來找你

「空縫對接」或是「進出面面差」這樣的收邊方式，就是為了去防止兩邊材料的碰撞，故意稍微偏移或保持距離，這樣的縫隙，巧妙地避免掉了不必要的爭執。

塗裝的完成面

「糊塗」指的是隨便掩飾或修補，無法真正解決問題。就像是你很努力打了厚實的底妝，但最終還是會被揭開（裂開），所以，乾脆素顏，展現真實的自己吧。

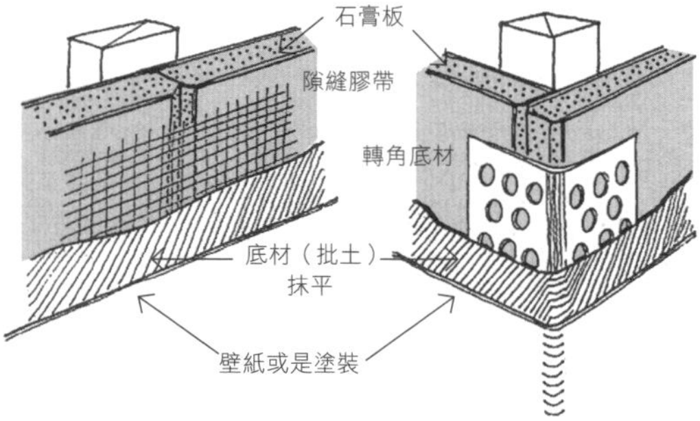

牆壁、天花板的空縫對接以及進出面面差

一開始就先使用空縫對接的方式進行細節處理，經過時間的推移，所產生的變化就不會過於明顯。訣竅是：空縫的縫隙寬度小於構材的厚度，就會很好看。

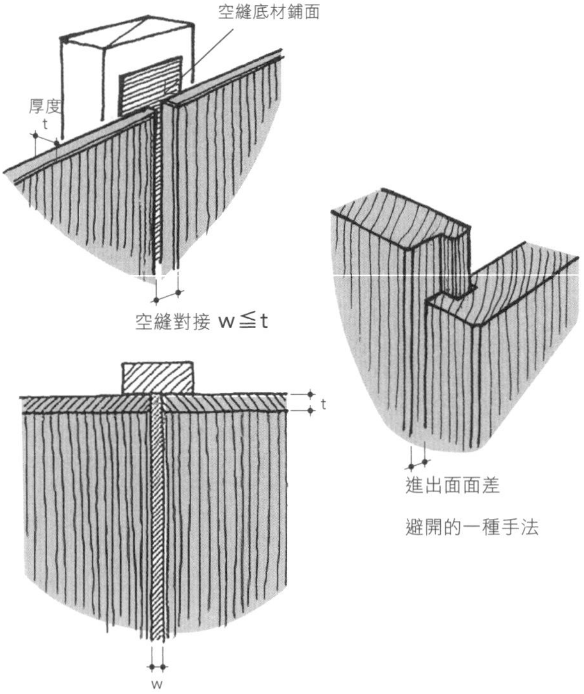

隱藏！閃躲！逃開！

不平整的地方，不必勉強修補，坦然接受才是緣分。

遮蔽的手法

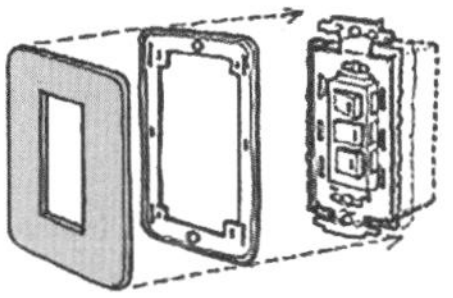

開關蓋板的尺寸通常比後方埋進牆壁的接線盒大。

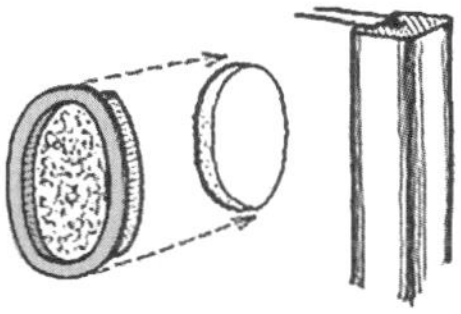

和室隔間門的把手附有嵌洞

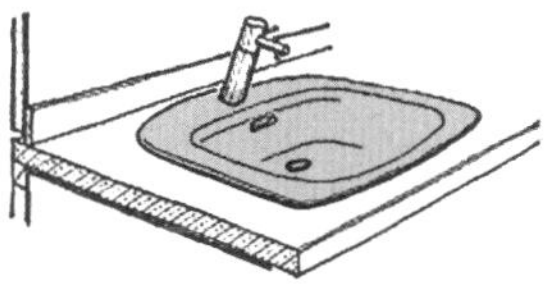

半嵌式的臉盆

柱子、邊框與牆壁的接合

不必過度追求絕對對齊，應該要合理地設定進出面的面差尺寸，若因為進出面的設定而造成後方留下些微縫隙，也可以視為一種空縫對接，不需要太過在意。

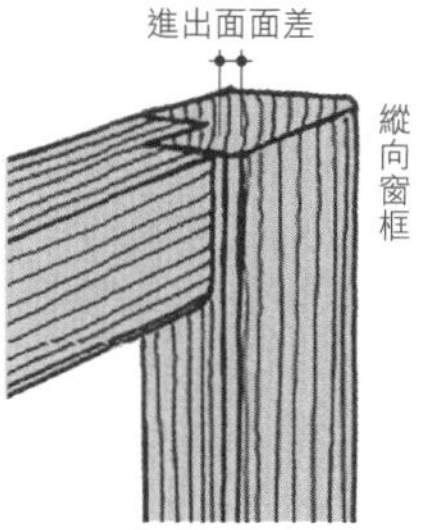

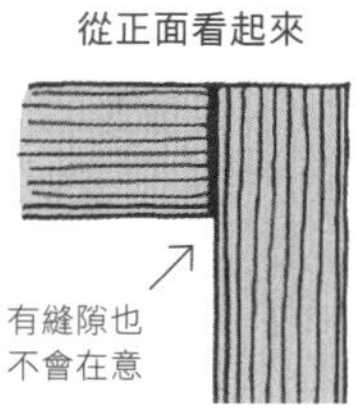

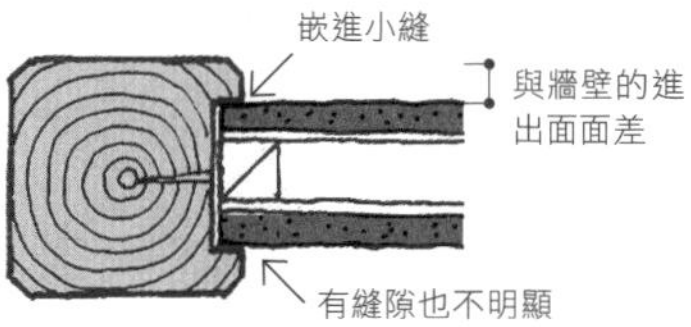

在過去，有時候會事先留出大約是一個塗裝用鏝刀寬度的間距。

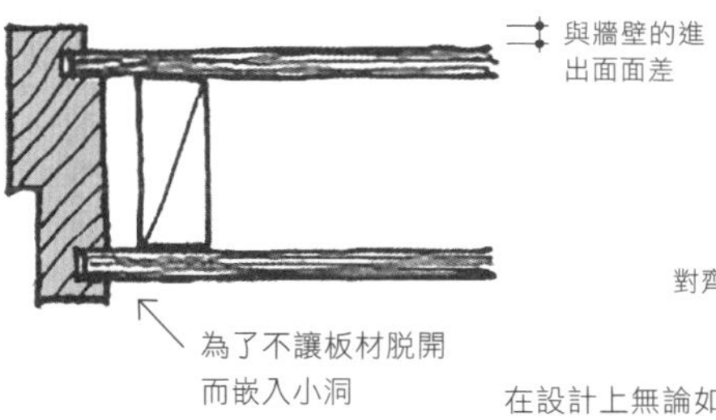

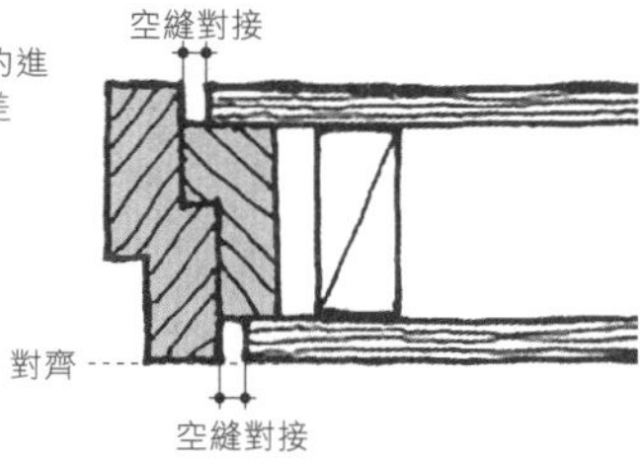

在設計上無論如何都希望邊框跟牆壁保持在同一個平面時，最好的方式就是採用空縫對接，讓它們之間保持一些距離。

避開或是逃走是一種聰明的選擇唷！

基本

第七

建築工地現場的運送心得
預留空間才能順利搬運

不可以什麼都設計得過於剛好。

工地師傅會說：「設計師啊，可以讓你自由發揮，但你不要設計完又害怕潛逃喔！」

那個家具，真的有成功的裝進去齁？

經常聽到同業的朋友開玩笑地說，每次住家完工、交屋後的隔一日，就接到業主的電話：「欸！我現在正在搬家，不過冰箱搬不進廚房裡啊！」噢、這真的不是開玩笑的時候。總之就立刻衝去現場，在前往現場的路上，腦袋裡充滿了要用什麼樣的藉口來解釋……噢不……首先應該是要道歉吧。也沒有什麼辯解的餘地，無論如何都於事無補啊…實在是搞砸了啊…真的是…很糟糕啊……。

設計圖其實只是預定圖面，不應該期望所有事情都會按照預定的方式順利進行，在進行設計檢討、繪製圖面時，若希望冰箱能完美地被安置進廚房中，前提是必須先確保冰箱能夠順利搬進廚房裡。剛才提到的冰箱笑話，實際上提醒著我們對於住宅的設計、監造過程中必需仔細考量到的重要問題。

例如施工過程中，最具代表性的運送物品之一就是系統家具，儘管現場也還需要部分施工與安裝，但實際上大部分的家具都是在工廠製作後運送到工地的。常見的那種從地板到天花板的整面牆書架，雖然在橫著的狀況可搬入到屋內，但沒有足夠的迴轉空間時，會難以豎立起來。因此，在設計階段時，即使是訂製的家具尺寸，也需要考慮到家具的長度。雖然說在電腦上無論多長的物品都繪製的出來，但實際上，一旦超過8尺（2400mm），材料就必須另行訂製，要搬運超過2間*（3600mm）以上的構材時，在轉角的地方可能會無法轉彎，這些都是需要被考量進去的。另外，如果有使用過長的鋼骨柱或者是超大片玻璃的設計，在密集的城市裡，不僅在運送上會有困難，也可能會因為吊車無法進入密度高的市街裡，在工程報價階段就被拒於門外……。以上就是我在建築工地現場所得到的關於運送方面的心得與教訓。

*間：日本榻榻米的尺寸，1間=182cm、也就是一片榻榻米的長度。

這些事情首先還是不要讓它發生……

搬進屋裡的大型家具們

首先，要先確定好這些家具尺寸
搬進工地現場的工廠製作家具也需要注意。

最麻煩的就是冰箱

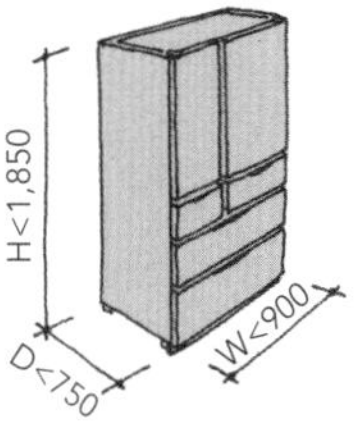

最近很多光是深度就超過700mm的大型冰箱，從屋外要搬進廚房的這段路程，需要先確保通道寬度在750mm以上。（搬家業者通常會拆卸入口大門以便通行）

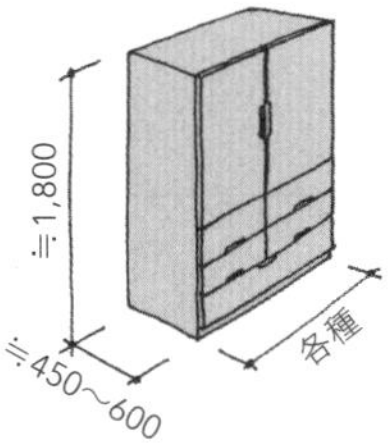

其他的放置型家具，深度幾乎都在700mm以下。

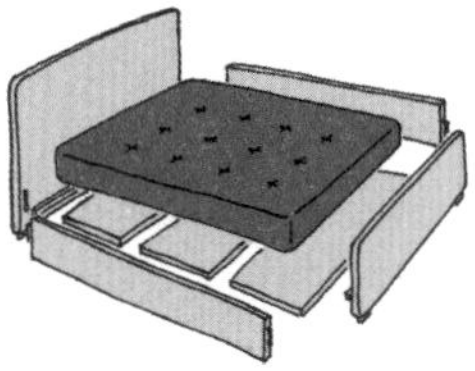

床的好處是可以拆解再組裝，因此不需要過於擔心。

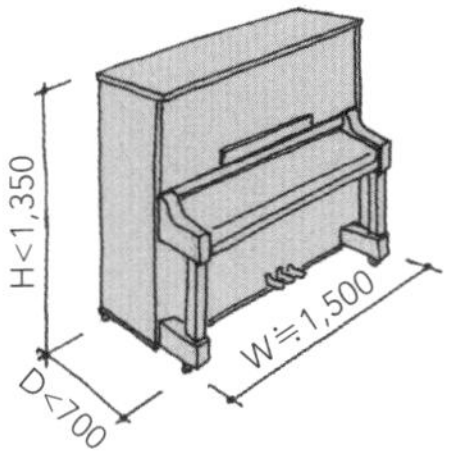

直立式鋼琴的深度也在700mm以下。不過，還是需要注意的是，若是需要將鋼琴搬到上方樓層，使用樓梯進行搬運是相當困難的。透過吊車從窗戶搬入雖然是一個選項，但也需考慮到陽台的扶手可能會是個阻礙。

從地板到天花的整面櫃

在設計過程時，可以考慮將家具分成上下兩個櫃子做思考，或是做稍微降低高度的設計，上方的預留縫可以利用上封板蓋住空縫，同時在下方利用調整腳調整櫃子水平後，封上踢腳板。上封板與踢腳板，就可以依據現場的水平與垂直狀態進行調整和修補。

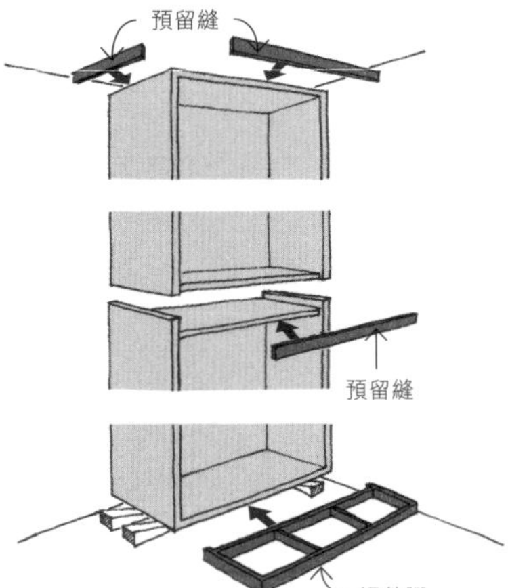

預留縫的尺寸大小，跟你的細心程度成正比，跟挑戰的慾望成反比。（我比較膽小一點，所以可能會預留大一點的縫）

要嵌進牆壁裡的家具

嵌進兩牆之間的櫃子或者是嵌入檯面的洗臉盆等等，
都是與剛才一樣的安排方式。

左右縫隙的收邊方法

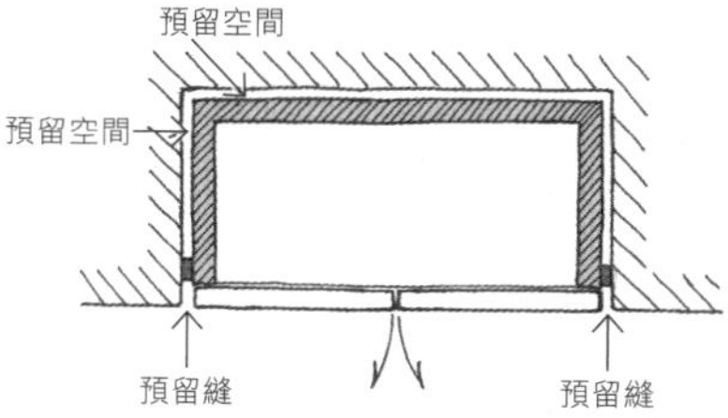

將家具整體稍微縮小，然後嵌入牆壁之間，利用填縫材填補左右的縫隙。

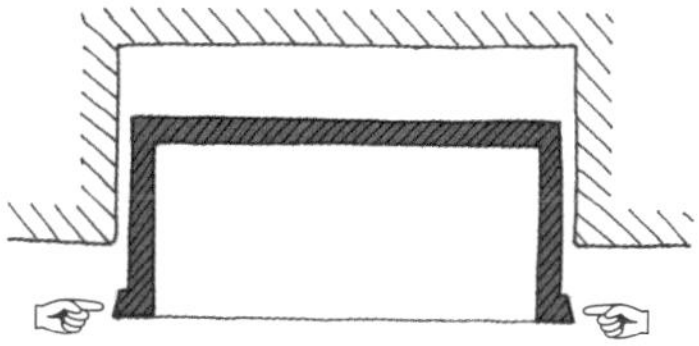

又或是，先預留家具側板的厚度，然後在現場配合寬度進行削減。

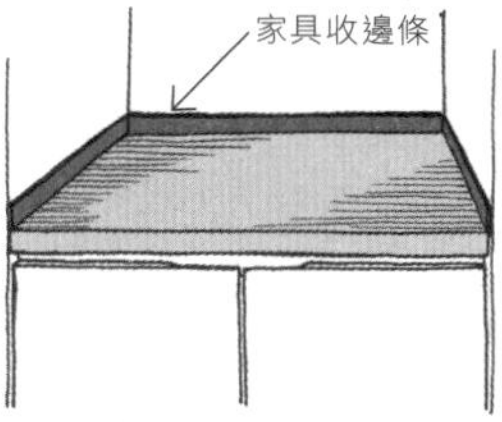

另外，檯面與牆壁間所造成的縫隙，可以利用收邊條收邊，又或者是用矽利康去做填縫。

檯面與牆壁間的縫隙

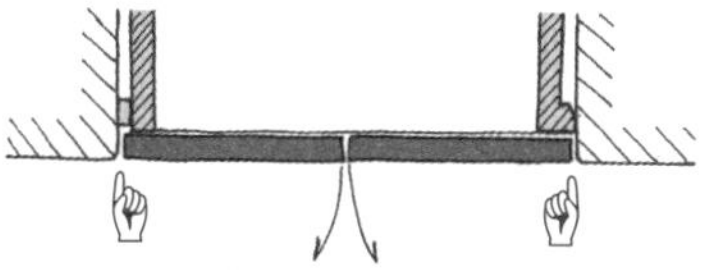

若是比較細心的師傅通常會為了將這些縫隙隱藏起來，裝上較大一些的外櫃門片來擋住它們。

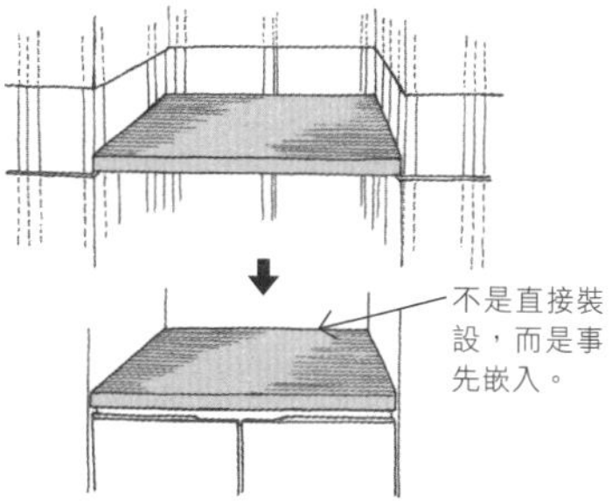

覺得收邊條不美觀而不喜歡這樣的作法的人，可以在牆壁底材施工的同時，提前與工地主任、家具職人或者是木工師傅討論，在裝設底材時，事先固定好檯面。這應該就不能算是搬運嵌入範圍、而是列屬在事先安裝的範疇了。

隱藏式拉門的施工方式

除了訂做的家具以外，門扇也需要搬運，搬入的時候不太容易出現問題，
但是在門扇安裝的時候反而更需要注意。

門的尺寸要比門框的有效寬度要來得大

隱藏式拉門，在關上的狀態，需要收進門扇的收納空間裡，就如圖面上繪製的一樣，門扇本身的尺寸會比門框內的有效寬度來的大一些，所以在裝設門框之後是無法安裝進去的，在設計過程時，就必須事先考慮到安裝門扇的解決方法，方法有以下幾種：

→收納門扇空間那一側，刻意將單邊錯開，增加寬度，以便安裝

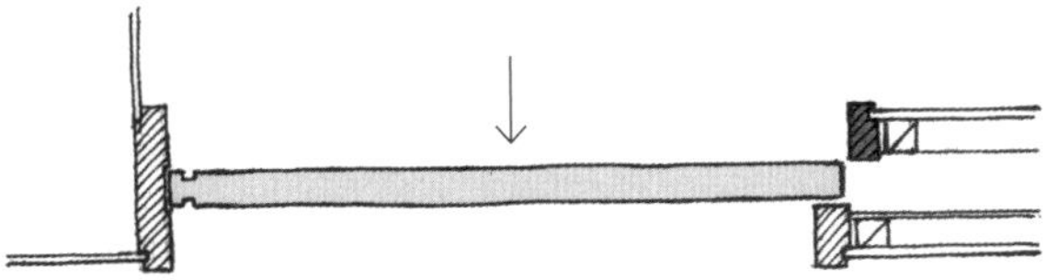

→收納門扇空間那一側的門框，採取單邊可拆解式的門框做法

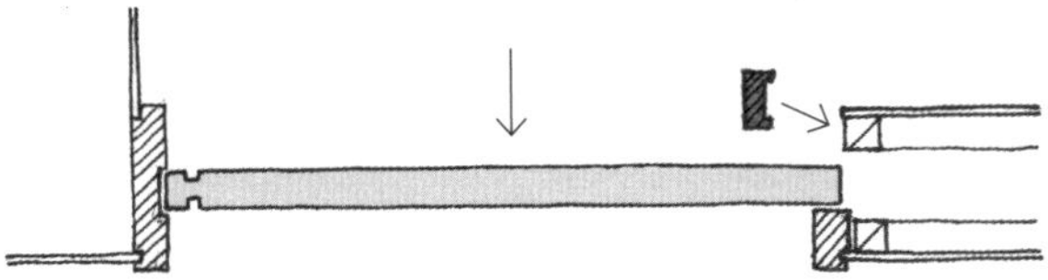

→門扇的把手側製作可組裝式的把手框，於門扇安裝後，再做組裝

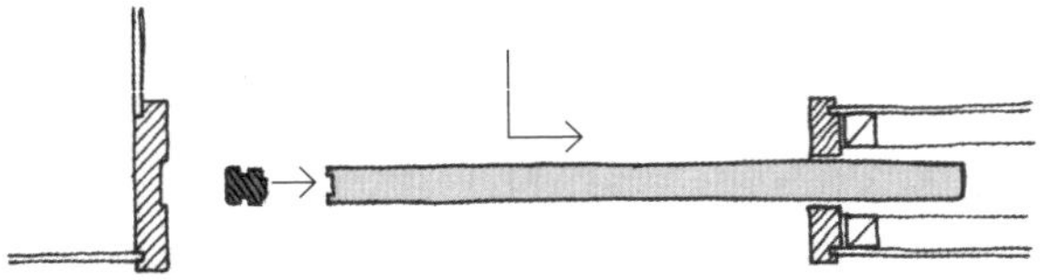

→使用可以將門扇傾斜崁入安裝的吊掛式軌道

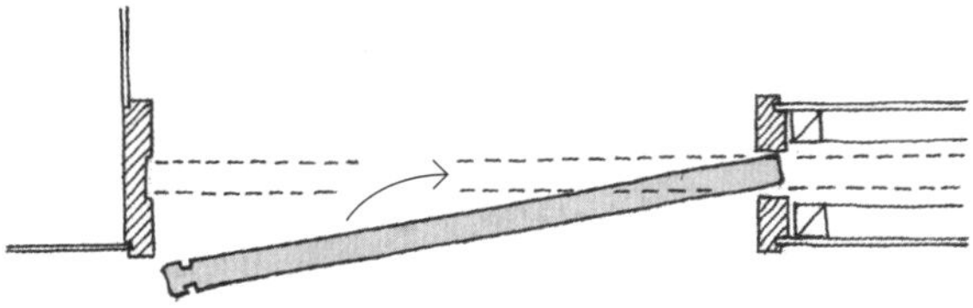

在住宅中會動的東西，幾戶只有門扇了。除了各種不同的金屬、木頭所製作的門扇之外，櫃子的櫃門還有維修孔的開口門也一起算進去吧。

如母親一般，看顧著調皮地孩子

門扇與門扇軌道，就像是頑皮的孩子一樣，並不會總是按照我們的期待去移動，而我們要像是它們的母親一樣，事先明白這一點，要知道靜觀其變。

預留尺寸（asobi）與預留空間（nige）

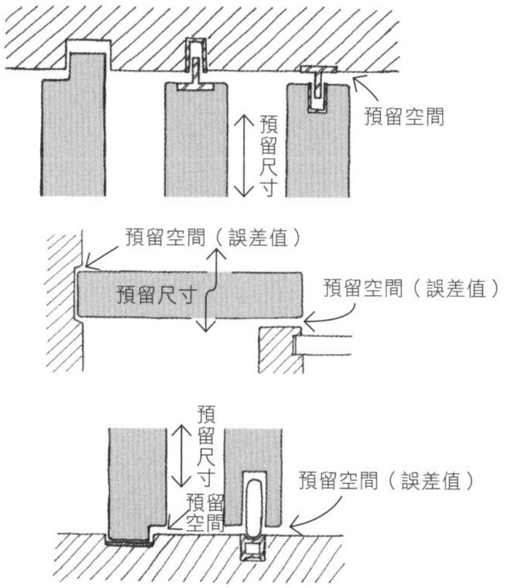

門扇本身若是與門框、溝槽、軌道太過貼合剛好，會因為摩擦反應變得無法移動，所以應該在設置時，預留出一些縫隙。考慮的門扇的變形、或是偏移的預留尺寸我們會稱「アソビ（asobi）」。而去對應這些變形的預留空間會稱作「ニゲ（nige）」。為了確保門扇可以順利的移動，這兩者的協力合作，是不可或缺的。

若是將門扇的扭曲或是伸縮比喻成「暴動」，而讓它能夠有著多少程度的「暴動」是設計者需要去考量的事情，若是過於嚴格，可能會讓其受到過度的壓抑而無法正常發揮，但若是過於寬容，又可能會偏離正確的軌道。

門閂

母親們經常必須隨時抓住孩子，就像是裝設在門扇側邊的門閂。

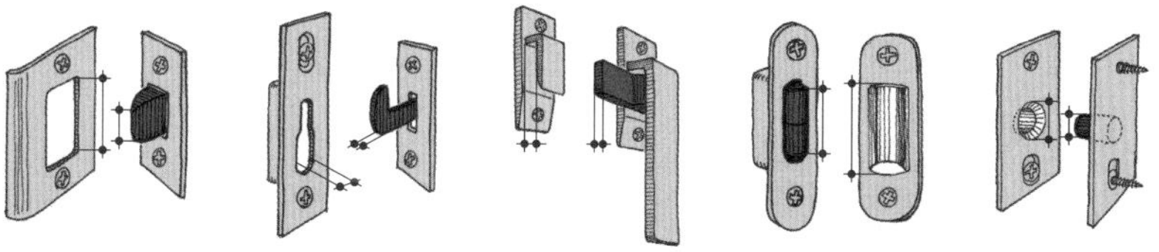

鎖舌、彈簧鎖扣　圓形鎖　窗鎖　滾輪式鎖扣　預留縫固定五金

孩子們不會就乖乖地直接走進媽媽的懷抱中，所以媽媽們要張開雙手（預留縫隙）等待著他們進來，就像是收納鎖舌的鎖閘蓋板上的洞一樣，雖然這個洞被稱作「傻瓜開孔」，但是請不要誤會了，母親們絕對不是笨蛋唷！

基本

第八

這些基本也稍微記起來吧！

建築工地現場用語

人與事與風俗習慣篇

對於師傅們要表示敬意，對於祭事要嚴肅正經。
把這些工地的傳統習慣當作是背劇本一樣提前記住，
絕對不是什麼麻煩的事情，可能還會因此感到有趣！
來吧、我們就快速的把它記起來吧！

大樑不是一般我們認為的屋脊或是小樑

某個工地現場的上樑儀式，擔任司儀的年輕工地主任助手正主持著儀式：「從現在開始，由木工的大樑先生⋯」才剛說完，現場就一陣爆笑，不過也因此讓這個嚴肅的上樑儀式變得比較輕鬆和緩，這樣好像也不錯？！不過好險，大樑這個構件本身，之後也沒有一直被稱作「大樑先生」，令人鬆了一口氣。

建築的工地現場，涵蓋著各種不同職種，彼此相互合作，總體而言可以說是一個團體合作。各種不同領域的專家在自己專門的領域上履行職責，各司其職、團結一致地朝完工努力。我們理所當然的要去尊敬這些專家與師傅們，他們是替我們達成目標的重要成員，這也反映在對於不同業種的師傅們的稱號上。

鳶職的領隊稱作「頭」（頭目）

木工的領隊稱作「棟樑」（大師傅）

其他的職種的領隊會稱作「親方*」（師父）

鳶職、木工或塗裝師傅通常只攜帶自己的工具到現場，建材的預備工作則由施工廠商的工地主任負責。爲了讓師傅們可以有好心情，可以大展身手，這些準備不能懈怠。設計事務所的工地監造負責人也要有相同的認知，要迅速仔細的檢查施工圖，確認細節，選定樣本。如果在工地現場被詢問問題，原則上應該要當場回答，但若是遇到需要與業主確認才能決定的部分，也要禮貌地回問：「什麼時候之前要回答您比較好？」才能展現設計者的誠意。不應該每個小問題都返回事務所跟老闆請示，畢竟你不是信鴿，而是工地監造負責人。

動土典禮或是上樑儀式等祭事也都相當重要，在施工階段最需要注意的事情，就是避免受傷或發生意外。在祭典上，師傅們祈求好運，希望工程有個好彩頭是必然，我們也不可以輕易隨便，應該謹慎對待。在不同的案例中，建築工地現場的用語可能會根據時代或是地區有不同的用法，若我有什麼錯誤或是誤解的地方，還請見諒了。

*親方（おやかた oyakata）：同樣職業中，帶領與教導弟子們技能，照顧生活的人。

朝向完工努力的基本成員

工地現場會有著不同職種的師傅們互相交接、來來去去。
他們不僅只是完成自己的工作，有時候還會展開共同作戰計畫。

鳶職*（高處作業人員）　　**木工**

人才汲汲的各種職人們

*鳶職（とびしょく tobisyoku）：指日本建設業中，執行高處作業的專業職人。

工地主任是分配者

建築工地現場的工種順序由工地主任來做分配，不僅僅只是下達命令而已，因為是分包作業，讓承包商積極參與分包的工作，才能讓現場產生連帶感。

工地現場的休息時間

10點時點根菸，3點的時候還有茶喝，這位工地主任很會做人。

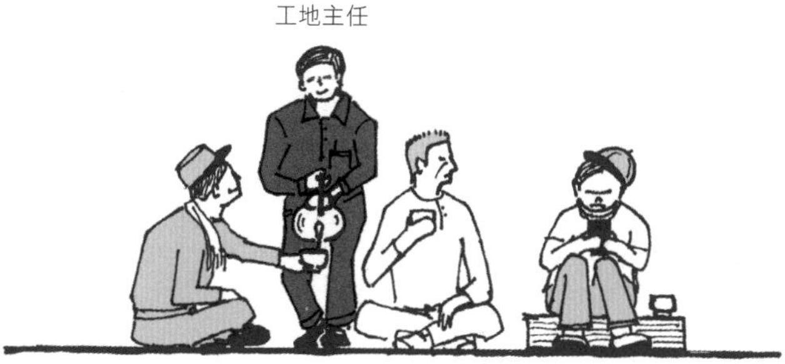
工地主任

吃個午餐吧

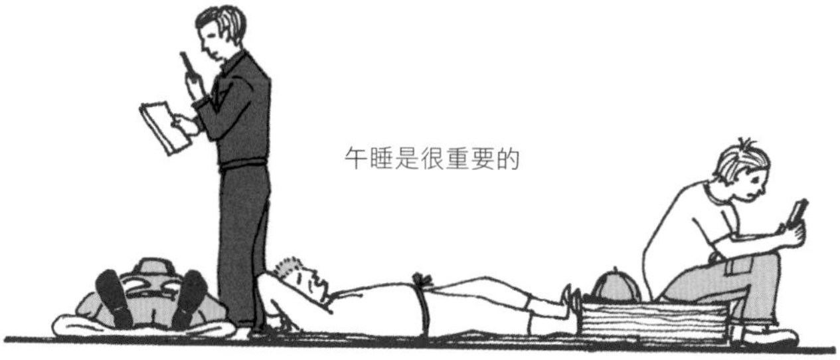
午睡是很重要的

把這些地鎮祭(動土儀式)時的基本用語記住吧

來由有點曖昧不明了，但地鎮祭（動土儀式）在上午舉辦比較吉利，
偏好舉辦於六曜*的大安、友引、先勝，然後避免佛滅、先負這些日子。

塗裝的完成面

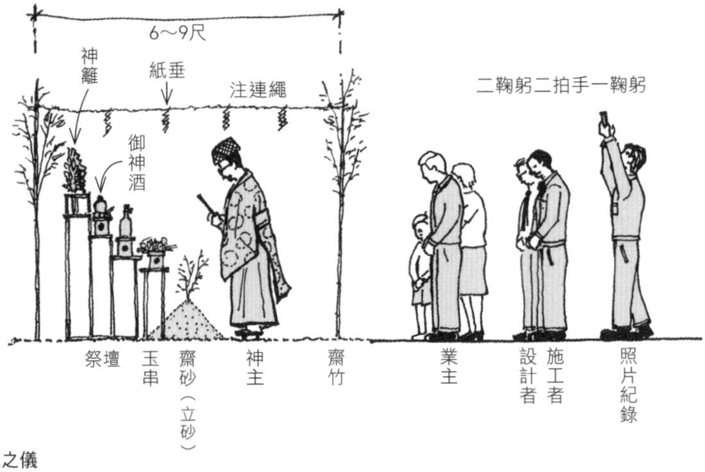

地鎮之儀

*鍬入：指將鍬，插入土中，常作為農地開墾或是建築工地開始的儀式。
*穿初：指利用鋤頭，鏟入立砂中三次。*刈初：利用鐮刀，除去立砂上方的齋草。

供奉玉串

香油錢與鎮煞物

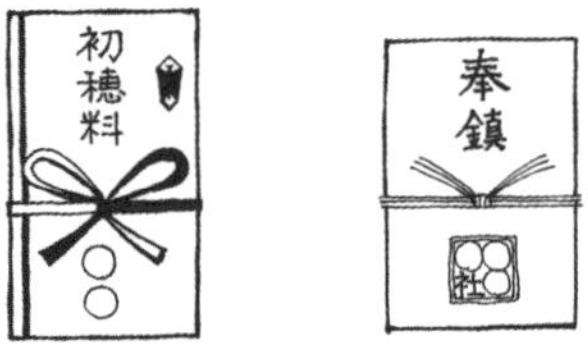

業主供奉給神社的香油錢，不太會說成「謝禮」

神社給業主的鎮煞物

*六曜：又稱孔明六曜星，是中國傳統曆法的一種注文，用以標示每日的凶吉。後來傳至日本，並於當地流行，版本於歷代有所轉變，現時的版本分為先勝、友引、先負、佛滅、大安和赤口六種。

把這些上棟式(上樑儀式)時的基本用語記住吧

這個來由也不太明確，但上樑儀式（動土儀式）要避免在二十四節氣裡的「三隣亡（凶日）」舉行。

與木工大師傅共同祈願

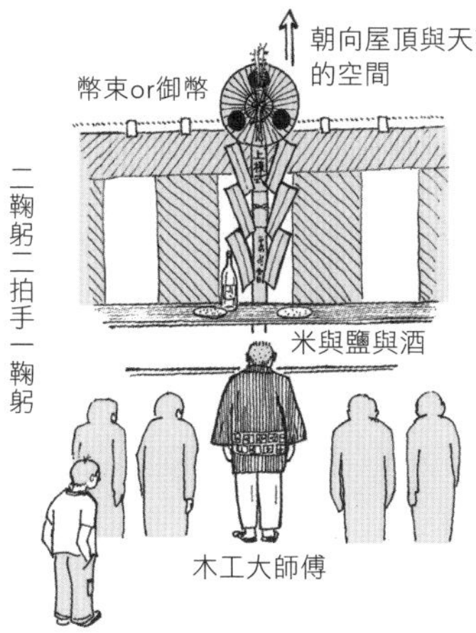

御祝儀

從業主那邊，交由木工大師傅再轉交到其他師傅手上的御祝儀，要稱作「謝禮」也可以。

淨化四方

祝賀上樑儀式順利完成，確保建築物可以順利建起而做的祈福方式，會在房子四個角落的柱子上，奉上酒、鹽以及米等等物品。

祝宴、領頭笙歌（木遣*）、拍手賀成、御祝儀

慶祝上樑的宴會，同時也是表達對師傅們的辛勞慰問，並祈禱未來的工程中不發生事故。

*木遣：江戶時期搬運木頭時會吟唱的歌，流傳至今成為祭典儀式時會吟唱之歌。

手排・自排・自動控制

現在過著沒有自家汽車的生活，只有一台自己的腳踏車。幾年前開始，我就沒再開過車了。考慮到自己的年齡、車子的維護費用、事故的風險，甚至還考慮過是否乾脆交還駕照……雖然最後沒有放棄駕照，讓我不願意捨棄的唯一原因是……

一直持續著現在的生活，將來有一天若變得沒有辦法騎腳踏車，或許那時汽車已經發展出更先進的自動煞車或是自動駕駛功能，而且被完整地實現或更加普及，帶來更多的方便，這時候，其他用路人也不用擔心我開車上路了。因爲，我將要搭乘的車（讓我搭乘的車），是一台比起計程車或是公車更加安全的車，不必擔心安全問題。只不過有點落寞的是，就不太能說是「我開的車」了！

我是大約在大學時期時取得普通汽車的駕照，當時的汽車只有油門、煞車以及離合器踏板，也就是所謂的手排車。

踩著離合器踏板會使引擎與驅動系統分離，開習慣了之後，身體也會自己記住這個動作。我的父親是汽車工程師，因此我不但了解離合器的原理，也知道獨立懸吊系統跟差速器的機制。我所擁有的第一輛車是手排車，但後來換成自排車之後，就一直開自排車了。換成自排車之後，開車變得更加輕鬆，儘管開車的樂趣減少了一半，但親自駕駛汽車的那種感覺並沒有改變。

我還是建築系學生的時候，設計課的作業必須交出手繪的原稿，交出使用墨水筆或者是色鉛筆、顏料、麥克筆或是轉印紙等等的工具，所繪製而成的色彩豐富的圖面，隨後交由老師評分。只是，到了事務所工作之後就完全不一樣了，只利用鉛筆以及平行尺、三角板，在描圖紙上繪製圖面，畫了又擦、擦了又畫的那種黑白圖面。然後將這些描圖紙的圖面，送進有著氨水臭味的曬圖機製成藍曬圖，最後裝訂。自己開業之後，還是持續了繪製手繪圖好一陣子的時間，比喻成開車的話，就像是還是持續開著手排車的感覺。

40歲那一年，終於購入了那時候慢慢普及的桌上型電腦，開始使用CAD軟體去繪製圖面，因為實在方便至極，不久之後事務所內的製圖板與平行尺也就被收到倉庫中了，要說是換成自排車的感覺也是可以。CAD軟體也是不斷的進化，版本不斷的更新，每次新版推出，再昂貴還是會滿心歡喜的去購買更換，但隨著時間推移，我逐漸感受到對於最新版本並不再那麼迫切的需求。

剛好在去年的時候，電腦有些故障，不得不利用手繪製圖，架起了從建築士資格考試合格的學生那邊收到附有平行尺的製圖板畫了幾筆，意外地畫的相當順暢。想著，原來只要知道騎乘的方式，無論是踩高蹺或者是腳踏車或是滑雪都是同樣的！

現在的學生或是年輕的建築設計者，從有認知開始就與手機、電腦共同生活成長著，圖面當然也是用CAD軟體去繪製。聽了到House Marker＊事務所工作的學生說，利用公司開發的軟體繪製平面圖的話，電腦就會自動的把剖面圖跟立面圖繪製出來，說不定比起控制汽車的系統，住宅設計的系統更率先往前了一步。或許在不久的將來，只要把基地條件、家族成員與預算輸入進去的話，住宅的設計圖就會自動被產生出來吧！不過我想，到時候我還是不會想把這樣的東西，稱作「設計」的吧！

*House Marker: 字面上翻譯是住宅建設商，主要以住宅設計爲主，台灣比較少見。包辦設計跟施工，常看到的注文住宅（ちゅうもんじゅうたく）也主要出自於這類型的公司。

第 2 章

設計核心

基本
第九

單開門請關上！拉門請打開！

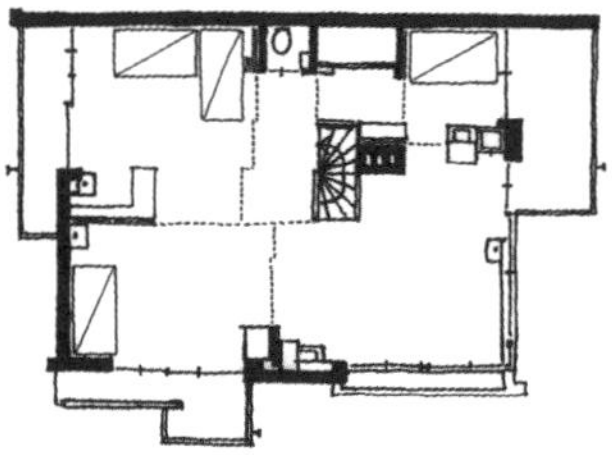
2F PLAN Schröder House

拉門是「空間樣貌的裝置」。

無論是單開門或是拉門，都是門的一種。

只是，所負責的功能上來看，有很大的不同。

讓拉門更加有魅力

與我同年代的人們的刻板印象中「單開門＝洋風、拉門＝和風」。在那個時代裡，若能夠在房子重建時，將有著關上門時會產生出喀拉喀拉聲響的拉門，全部換成「啪！」一聲就可以關上的單開門，必定是非常開心的吧！而在現代，能夠用最適合的材料，去製作單開門或是拉門，並將他們設置在最適合的位置，就足以令人高興了。

在美國西海岸活躍的澳洲建築師 Rudolph Michael Schindler，早期就發現日本拉門的合理性，並積極把拉門應用在自己的設計作品中。還有！不要忘記荷蘭建築師 Gerrit Thomas Rietveld 的名作「Schroder House」也是！看著這些作品就可以明白，他們使用拉門讓空間變得更有效率，在他們的作品中，拉門成爲可以簡單轉換空間構成的裝置，又或者是說，在空間構成上，不得不去使用拉門來創造這些更有效率的空間。

過去以單開門為主流的歐美社會，首先發現拉門的合理性，並積極使用的建築家們

有開門的時候，也有不開門的時候

相對於有著「關上門」使命的單開門，
拉門是一個開或關都合理的門的種類。

單開門與拉門，兩者的特徵

拉門隨著直線的軌跡去繪製　　單開門隨著1/4圓或是半圓的軌跡去繪製

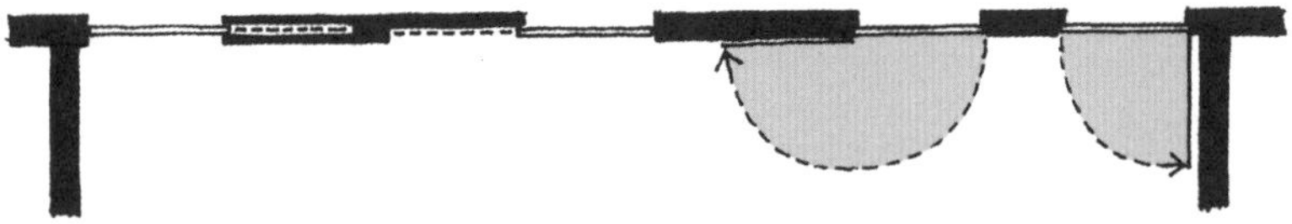

拉門比較不需要留設開關時所佔據的空間，開關的方向也一樣，單開門必需要先確認前後左右再開，但拉門只要注意左右方向即可，也可以說拉門在通行時比較順暢。

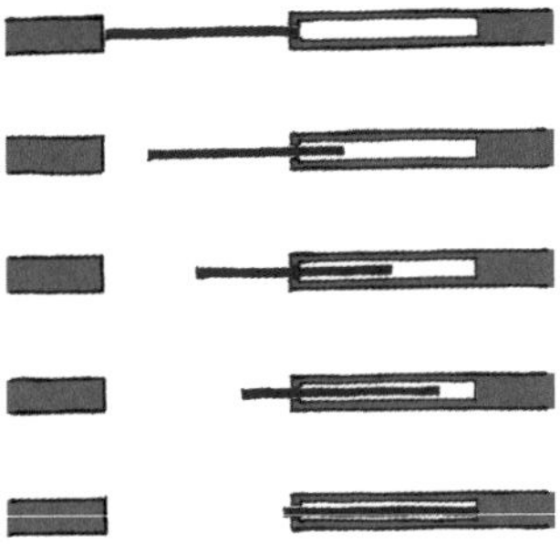

基本上對於需要關上的單開門，拉門的開闔程度可以自由地調整，依據你的喜好去做開闔。

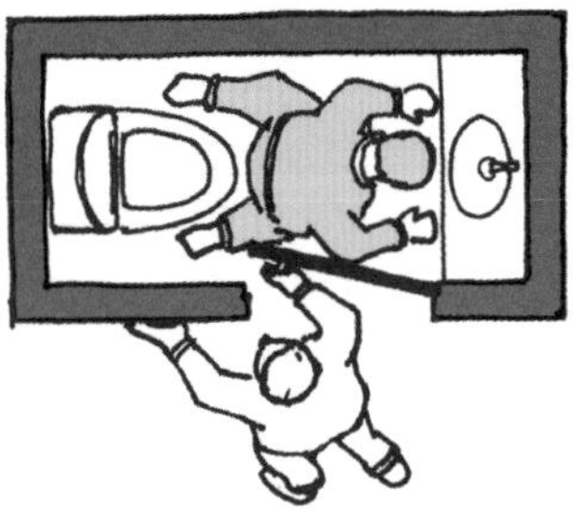

若是向內開的單開門，在廁所很容易產生問題。

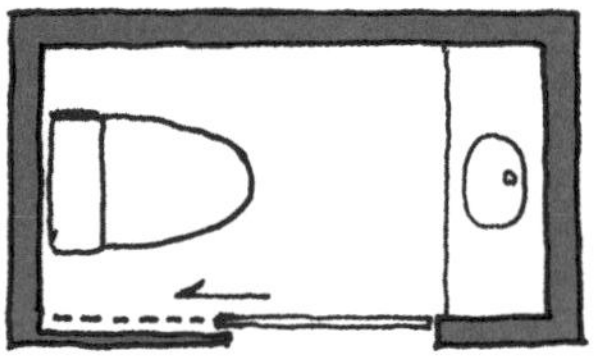

不過若想使用拉門，比起開門的隔音性能會稍嫌令人不安。

單開門・拉門的活用方法

拉門看起來好像比較優秀……
不過拉門在隔音上還是有許多需要改善之處。

門的隔音對策

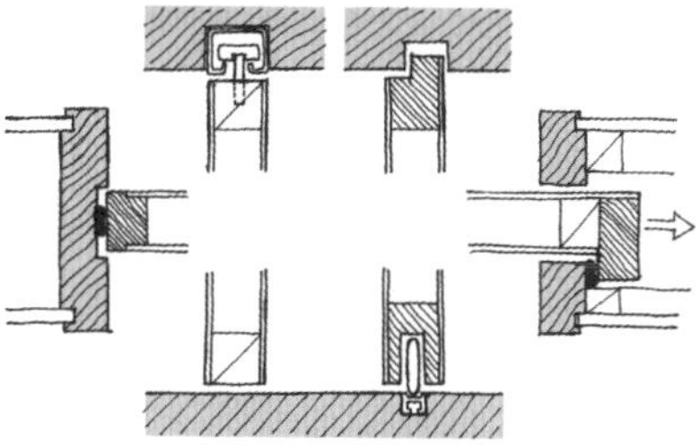

拉門上下兩邊很難做到完整的氣密性，因為會影響開關的流暢度。

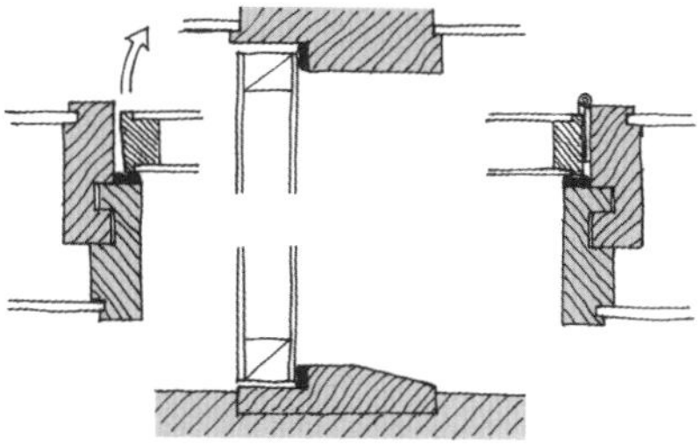

單開門的話，三邊以及門檻部分，都可以裝置提高氣密性的裝置。

拉門的設計訣竅

拉門可以當作是「會動的牆壁」，所以當然會希望直接設計成與天花板同高。

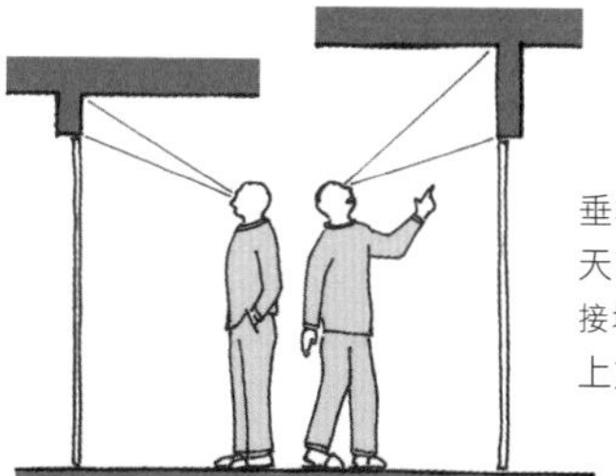

垂板：建築用語，指從天花板垂下的牆壁（不接地），本文是指到門上方的牆壁部分。

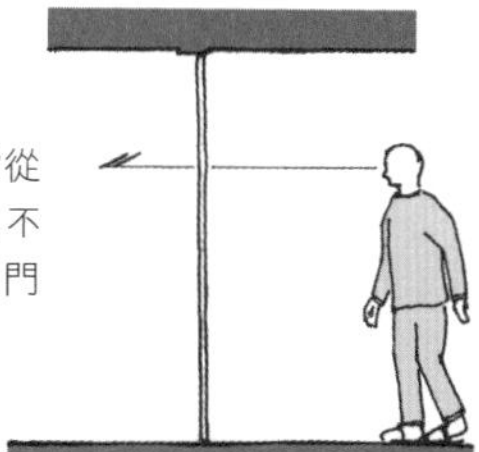

人的視線，去目測天花板高低時，會無意識的去判斷垂板的高度。

所以乾脆不要設置垂板，就不會知道天花板是高還是低，就也不需要去堅持垂板高度了。

可以改變空間構成的拉門們

根據拉門的開或關，使空間與動線產生變化，
可以說是「會動的牆壁」。

拉門是會動的牆壁

吉村順三事務所，擅長利用兩片或三片的收納拉門，區分客廳與餐廳，藉由拉門的區隔，趁著在客廳款待客人們時，擺設餐桌上的餐盤或擺設，完成之後再將拉門收納到牆壁中……

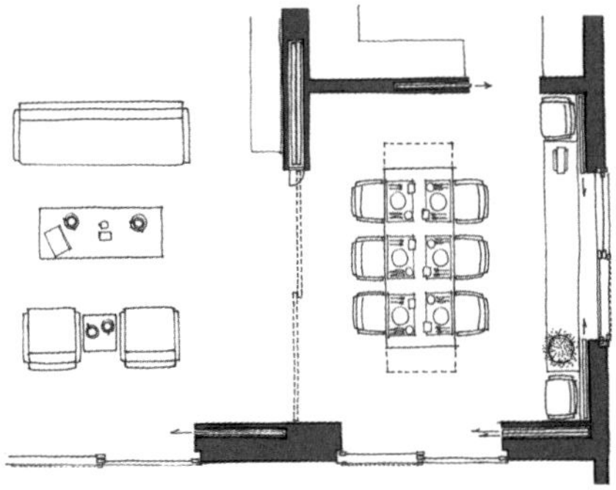

「來吧！一起來用餐吧！」
無論做幾次都是刻意安排好的完美款待。客廳（L）與餐廳（D）在拉門打開的瞬間，轉變成為客餐廳（LD），等到客人們移動到餐廳之後，再把拉門關上，就可以放鬆的在餐廳中享用美食。

除了餐廳與客廳，拉門也可以改變各種不同房間的空間構成。

客廳與和室

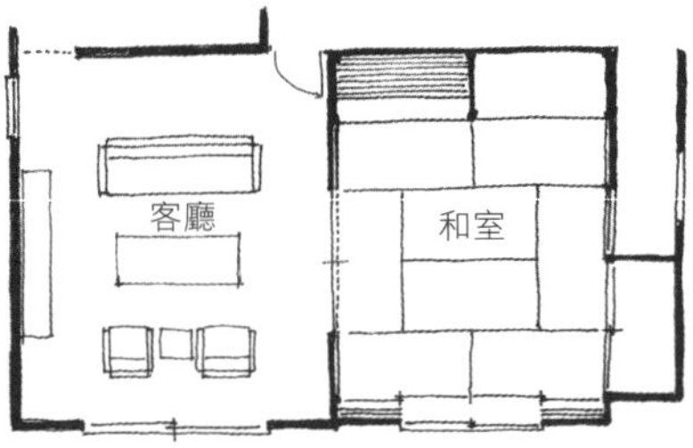

平常使用的和室有時候也可以成為座席休息區

連結兩個兒童房

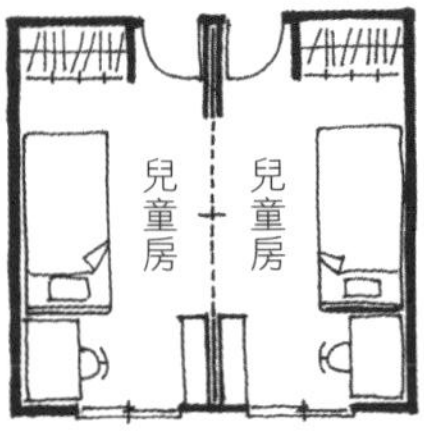

區隔空間或是讓房間變大

寢室與和室

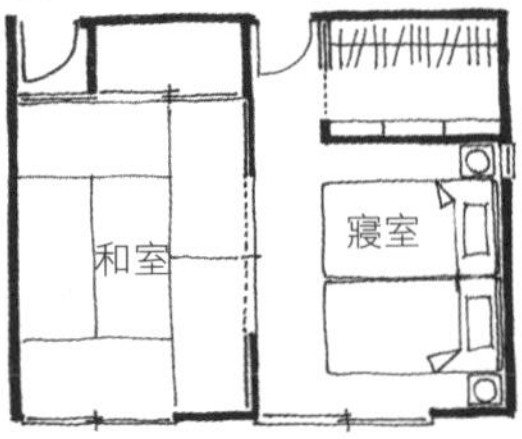

房內的小房間也可能變成客人的空間！

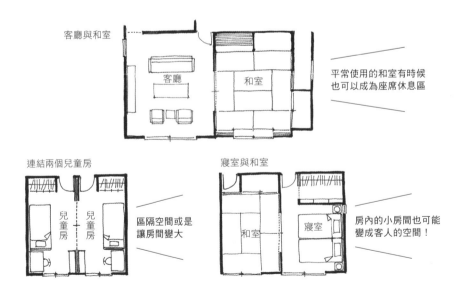

根據拉門改變動線

各個空間的關係，根據拉門的樣態而被改變，
就像是過去以門扇區分空間的日本住宅一樣。

根據拉門被連結起來的空間關係

根據拉門的開闔而改變的空間構成的示意圖（參考114頁），也可以注意到住宅內，動線的多樣態變化

於隔壁房間動線繞行後……

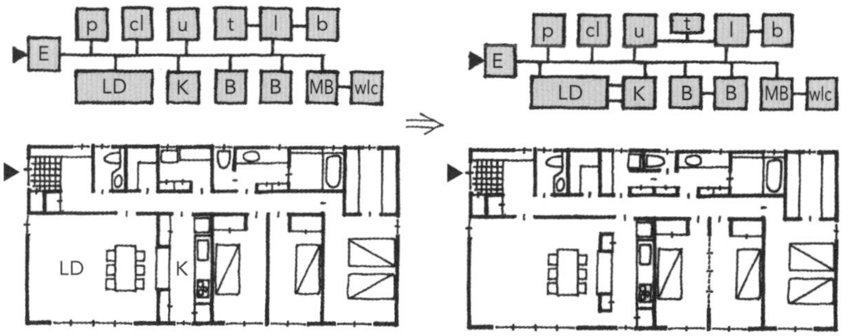

記得勒・柯比意（Le Corbusier）好像在哪裏說過「空間即是足長」*，如果真的是這樣的話，確實是一句名言呢。

*此處的足長，指的是「移動」，進入一個空間之後，人們不會單獨停留在一個定點，景觀會隨著移動發生變化，觀察也會隨著移動產生序列。

日本傳統的家，本來就是用門扇去做空間的隔間

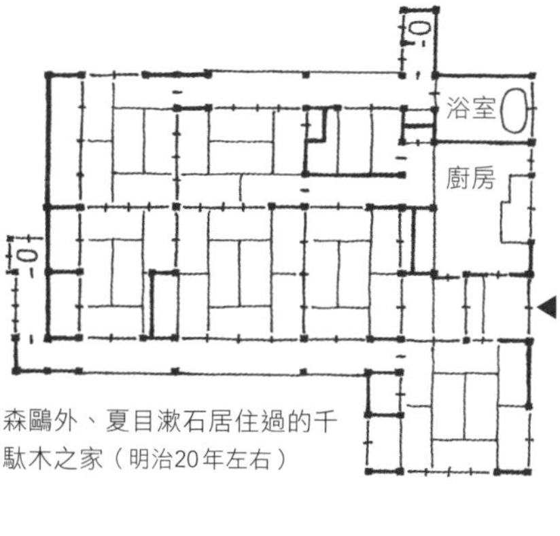

森鷗外、夏目漱石居住過的千駄木之家（明治20年左右）

原本日本的傳統住宅，就是藉由和紙拉門（襖）或是木格子拉門（障子）的開闔去區隔空間，有時候還會暫時取下等等的方式，很理所當然地自由自在地去變動空間的隔間。繞了一大圈，似乎可確定拉門的發源地就是日本！

基本

第十

基本上窗戶都是推拉窗

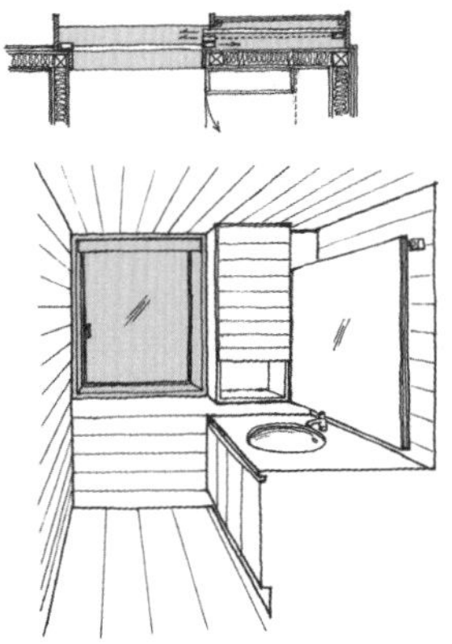

不要被各種型態的窗戶所迷惑了！

一個家中若有太多不同的開窗方式，
每一次在開關窗戶的時候，
會很容易瞬間反應不過來，對於開關的方式感到困惑。

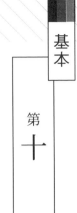

普通的推拉窗不行嗎？

窗戶的開關方式有很多不同的選擇，除了推拉窗以外、單開窗、外推窗、內拉窗、上下推拉窗、上懸窗、外平開窗、固定窗、天窗等，啊！實在令人眼花撩亂！光是看有這麼多種種類的鋁門窗的型錄，就會讓人感到興奮，不過，請稍等！

我在設計事務所工作的第三年，首次擔任了別墅的設計，我希望別墅裡的所有窗與所有的門扇，都可以收納在牆之間，把它們藏起來。然後以這樣的想法，把畫完的實施設計圖給所長確認，所長看著洗面室*的室內立面，疑惑地問道：「這個窗戶不能打開嗎？」。我豪不猶豫的回答：「這個窗戶雖然看起來像是固定窗，但實際上是一個有隱形窗框的推拉窗！可以收到牆內！」正開心講出了這個小巧思後，所長邊笑邊說著：「不過，這邊不就是個洗面室嗎？也不像另一面的空間一樣，特別有景可看，用一般的推拉窗不行嗎？」

頓時，我什麼也回答不出來，並不是因爲失落，但就好像是被點破盲點一般，整個人回過了神。

當然，所有的對外開口，裝上推拉窗的確就很足夠，但也不是說因爲這樣就不去使用其他類型的窗戶。我們都知道要在適當的地方選用適當的材料，其實也要避免在同一個房子內，裝上太多不同類型的窗戶，適合使用推拉窗的地方就直接用推拉窗，開關方式的種類就可以減少許多，加上天窗與固定窗，一個家裡的窗戶類型，最好就控制在四種以內的開關方式。

只專注在立面，而去做開口的設計是不行的，對於整個房子的開口與窗戶類型，需要有著客觀冷靜的態度，好好審視過多或是不足的地方，就像是每次要外出約會時，必須想著自己有著多少的預算，而要去安排什麼樣的約會是同樣的心情（應該是吧）。

*洗面室：日本住宅裡，放置洗手檯的空間。

窗戶的使命與兩大責任

窗戶的使命是「視認性」、「採光」、「通風」，
但前提是必須有著防蟲（紗窗）與清掃性（擦窗）的兩種責任。

外推窗的骨肉計

首先，住宅空間裡面經常使用的外推窗怎麼樣呢？

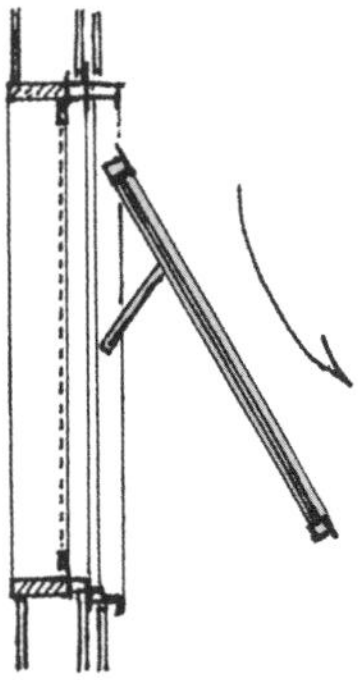

外推窗

方便通風的外推窗，由於窗門是向外開的，所以紗窗僅能設在室內，無論是開關窗時，或是擦窗戶時，內部的紗窗都有點礙事。

搖桿式外推窗

旋轉手搖桿。
果然要擦窗戶就需要先取下紗窗。

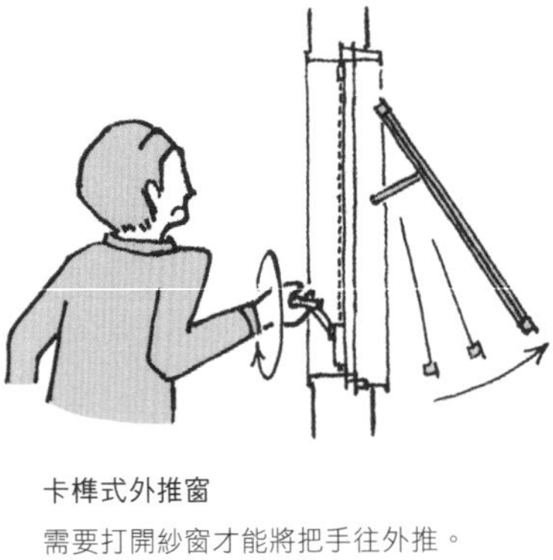

卡榫式外推窗

需要打開紗窗才能將把手往外推。

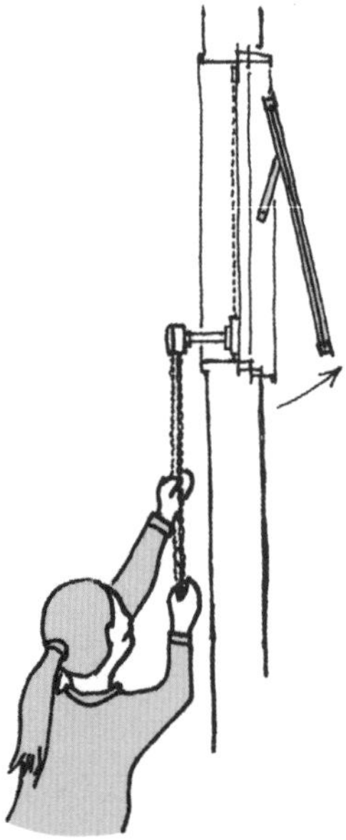

拉簾式外推窗

通常設置在高處的窗戶都會使用這種吧！這種類型的窗戶也是在擦窗戶時，必須先把紗窗取下。但如果是半透明的玻璃，可能就不需要頻繁地擦拭，應該不錯！

若是單開的推拉窗如何呢？

比起雙邊推拉窗，單開的推拉窗更加單純且具人氣。
因為一邊是推拉窗，另一邊則是固定窗，所以窗框看起來更加的細緻簡練。

單開窗的辛勞

打掃時不得不伸出窗外，且必須坐到窗台上才能擦拭到固定窗的外部。

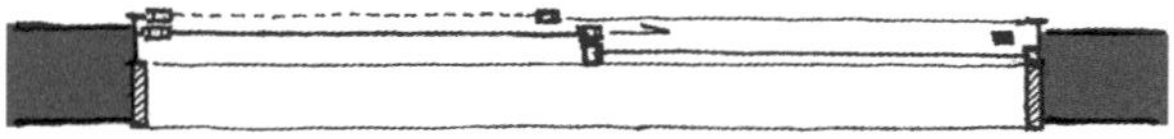

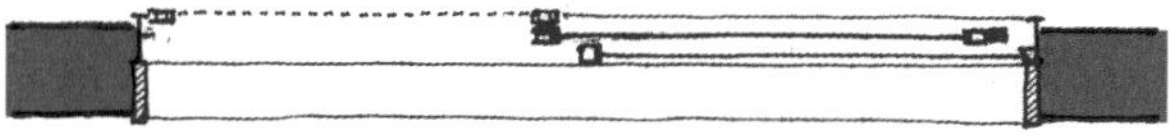

再來，為了不夾到手而預留的部分，使得設置在外部的紗窗尺寸變窄，窗框們變得無法對齊。

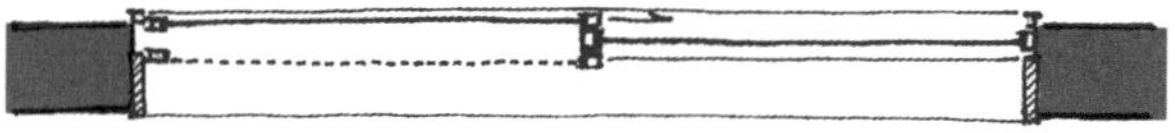

但若是把紗窗設置在內部，每次開窗時候必須多一道手續去開紗窗。

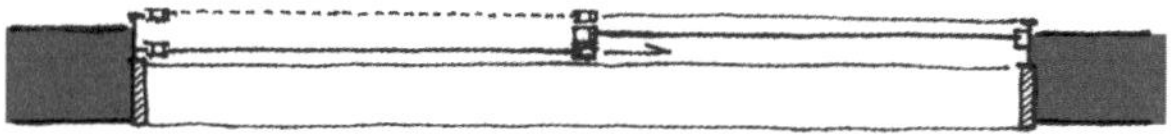

或者是說，將可動的部分設置在內部，但也不能確定是好還是不好呢？

如果是雙開的推拉窗，That's all right!

無論是玻璃部分或是紗窗部分，就只是左推右推非常的單純明快！
開關窗戶時也不會被紗窗阻礙，也不需要把紗窗取下，果然還是雙開推拉窗好！

推拉窗的機構

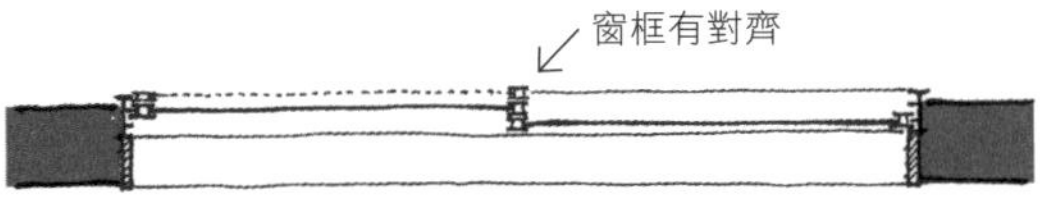

紗窗要設在左邊或右邊都可以

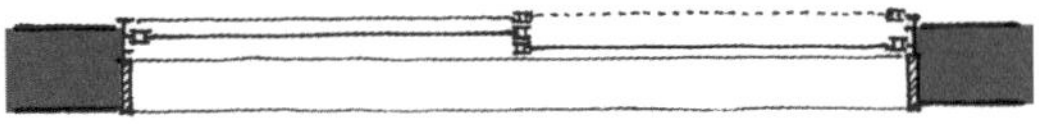

窗戶要往左側開還是往右側開都無妨。

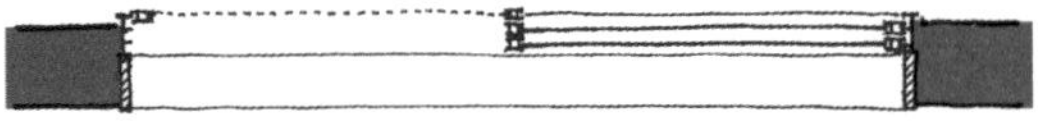

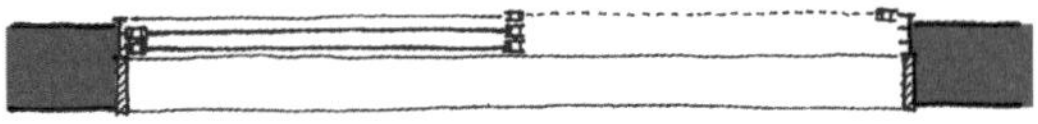

重新感受到推拉窗的優點，瀟灑、且不太容易出什麼大問題。

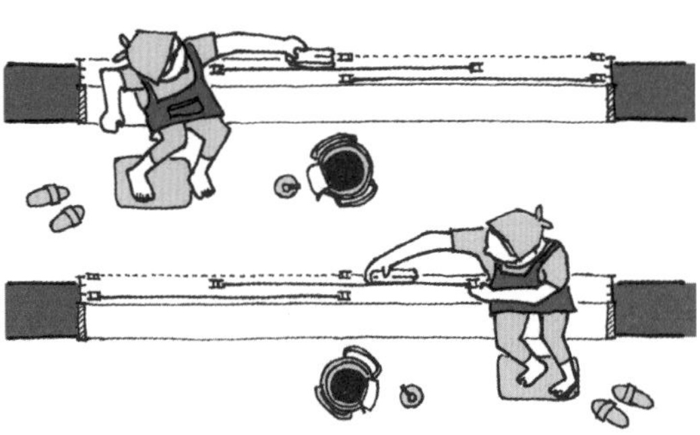

利用窗台也可以確實地擦拭到外部的玻璃，又開心又不會從窗戶掉出去！

窗戶要大！數量要少！

討論減少開窗的種類，也順便提醒，應該要去減少一個住宅的窗戶總數，
小窗越多並不代表採光會越好。

小窗戶太多並沒有太多意義

若是擁有相同的金錢，一般來說，比起零錢更想換成鈔票吧！窗戶也是一樣，想要確保一樣的開口面積，設置過多的小窗戶其實並不合理，不但會反映在工程費用上，也只會增加開關窗的手續而已。

每一樓層的窗戶控制在10處以內

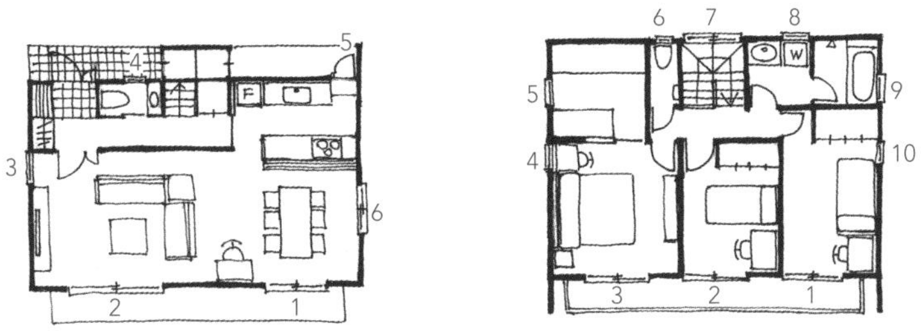

以標準兩層樓的四人家庭來看，應該要將窗戶的數量控制在每一層樓10處以內。

用小窗補足

雖然這麼說，錢包裡只有鈔票而沒有零錢的話，有時候也是會蠻困擾的，也就是說，不一定只能用大窗讓房間整體變得明亮，通常大窗對角處的牆邊上容易潮濕，很適合在這裡補上一扇小窗。

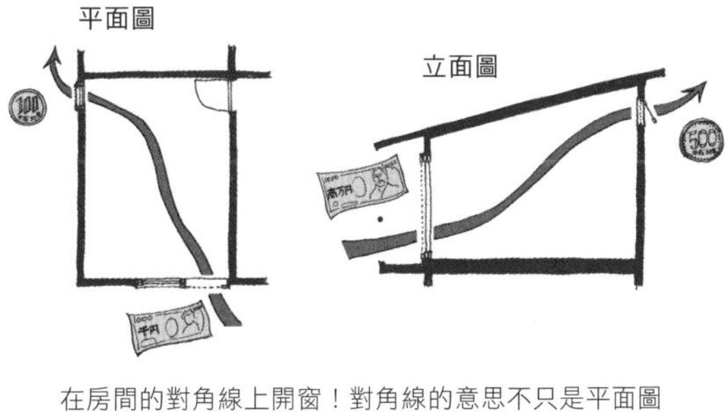

在房間的對角線上開窗！對角線的意思不只是平面圖上的對角線，剖面圖上也是！

基本

第十一

使用時的便利性！（勝手にしやがれ）

生活裡總是有各種各樣「勝手」的事情（在此指東西的使用方便性）

在這之中需要事先知道的是：

單開門的「開き勝手」（開門方向）、

拉門門片的「召し合わせ勝手」（相互交錯的方向）。

遵從慣例就不易出錯

電影「隨便你吧！」（中文電影翻譯：斷了氣）是法國導演佛杭蘇瓦．楚浮與尚盧．高達編導的一部非常慌亂的法國電影。主演是法國電影演員楊波．貝蒙。「隨便你啦」「隨便的傢伙」等等的文字裡，「隨便」＝很容易被認為是任性的意思，不過其實是有一些誤解的。堅持己見的人可能會被覺得「自私」，但從客觀角度來看，「不好意思，雖然很自私」「不好意思，可能有點自吹自擂」等，反而是種先替對方著想，而有的謙遜表現吧。

無法維持生活上的收支平衡時，會以「勝手が苦しい」（日子過得很緊）來比喻。混亂且沒有秩序的廚房也可以用「お勝手」（廚房的俗稱）來稱呼。「勝手が違う」（不順手）就是指與自己習慣的作法不同時，使用上不順暢而感到困擾之意，從慣例中偏離軌道之狀況也可以使用。

「勝手」，有著事情的使用方法、生計、風俗習慣之意思。

對於傳統風俗習慣冷漠，也不想去了解，因而犯下「左襟先穿（左前）」這樣不吉利的習俗，是會被瞧不起的。「右襟先穿（右前）．左襟先穿（左前）*」是指在穿著日本和服時，衣襟順序與位置，不分男女，在穿著和服時需將右邊的衣襟先穿上，再將左邊的衣襟壓在右邊衣襟上方。無論是浴衣或者是武道服都是一樣。反之，過世的人穿著的壽衣，則因爲是先將左邊的衣襟穿上，所以「左前」這個詞，就有著不吉利的意思。其他像是在西洋服飾的情況下，男生的襯衫與女生的罩衫，前方扣子與衣襟的位置則是相反的，以前的西洋貴族，因爲男人們認爲，扣子在右手部分比較容易穿脫，而婦人們則因爲有女侍幫忙穿衣，扣子便設計在左方了。

雖然前面說了好多，目的其實是想要讓大家明白，「勝手」與「手前」這兩個詞，是想要分開也分不開的夥伴。然後我們終於可以進到主題：生活中有著各種各樣「勝手」的事情，比如說像是單開門的「開き勝手」（開門方向），你也應該知道吧？

＊「右襟先穿（右前）．左襟先穿（左前）」這裡的前，是先前、事先的之意，並非前方的之意。

正確的開門方向是哪一個呢？

單開門的開門方向雖然可以被分成四種，但主要還是以「往看得到門鉸鏈方向開門的內開門」為最基本。這不是慣例，而是有著合理地原因的。

開門的方向是有原因的

A與B的外開門，在打開門的時候容易撞到走廊上的人，蠻危險的。

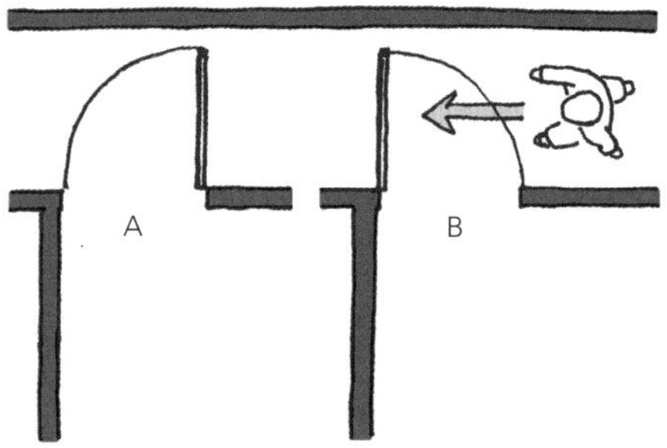

C與D的案例，哪一個比較好呢？

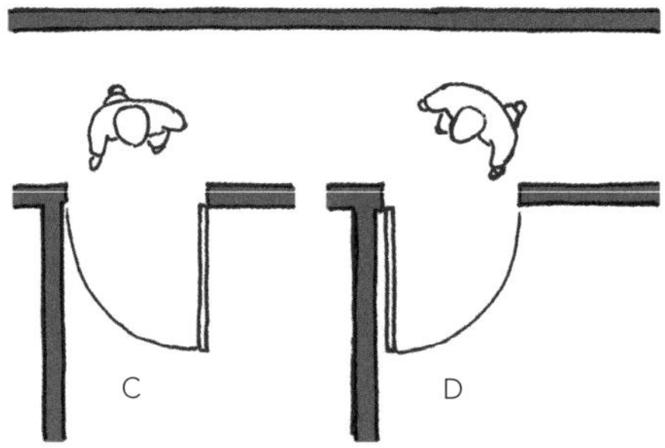

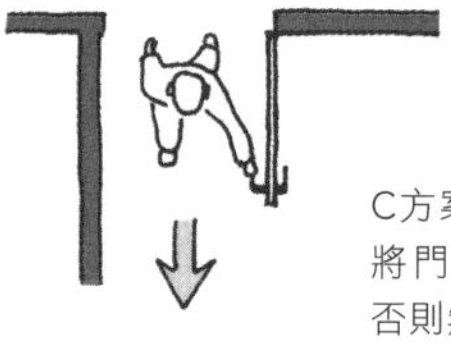

C方案的內開門，需要將門扇全開至90度，否則無法進入室內。

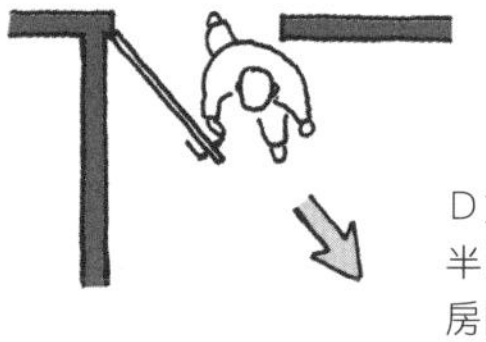

D方案的話，就算只有半開，也可以直接進到房間裡面。

拉門門片的正確裝設位置，「右邊門扇在前」

拉門門片的前後關係，仿效著穿和服的習慣，擔任著帶來好運的角色。
也就是說，右邊的門片理所當然的要在前方。

右邊在前方

拉門門片「相互交錯的位置關係」，按照慣例，通常會是右邊在前方。

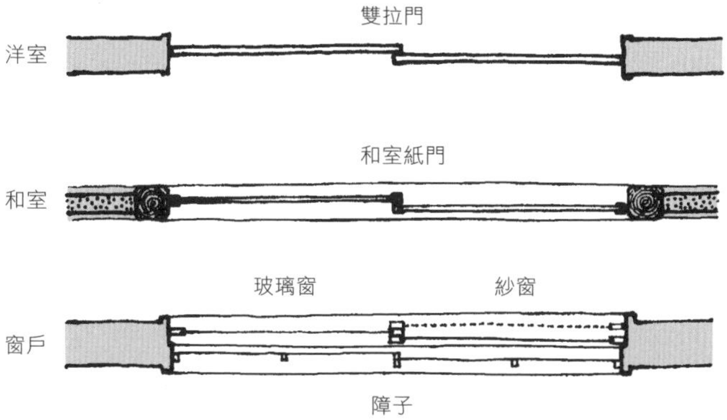

話說回來，最近看到許多把拉門門片的位置關係，繪製成左邊在前的圖面，實在是令人擔憂。恐怕是因為使用CAD軟體時，很簡單的就可以將圖面上下反轉，所造成的結果吧？雖然說門窗廠商或者是現場的木工師傅或是製作門扇的師傅們，在施工階段會幫忙把關，確認、修改後才會設置，不過還是感到有點丟臉呢！

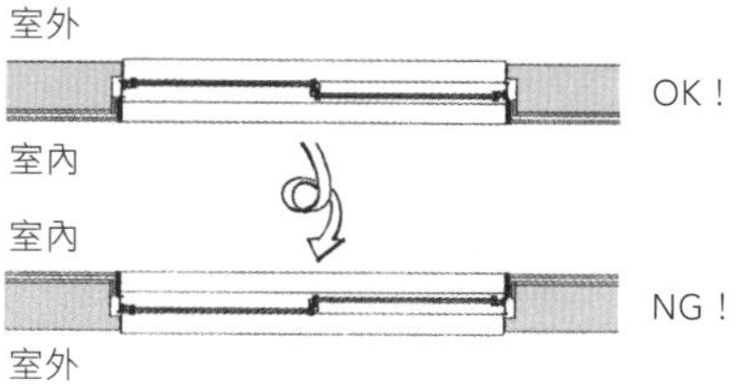

中間門片在前方

不太放心所以順帶一提，兩組四片拉門的情況下，從房間裡面看過去，主要是中間兩片門片要在前方。

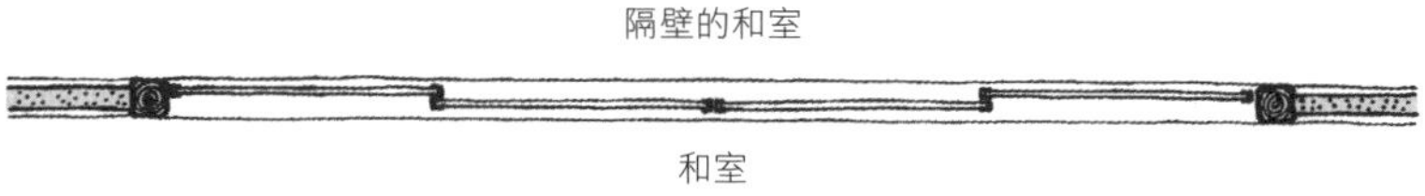

＼ 不要搞錯了！ ／

還是有故意將「左邊設置在前」的情況

常說要延續慣例，但差不多也應該察覺到不對勁的地方了吧。
參考著過去習慣，創造出自己的規則，也是沒關係的！

直角窗的情況

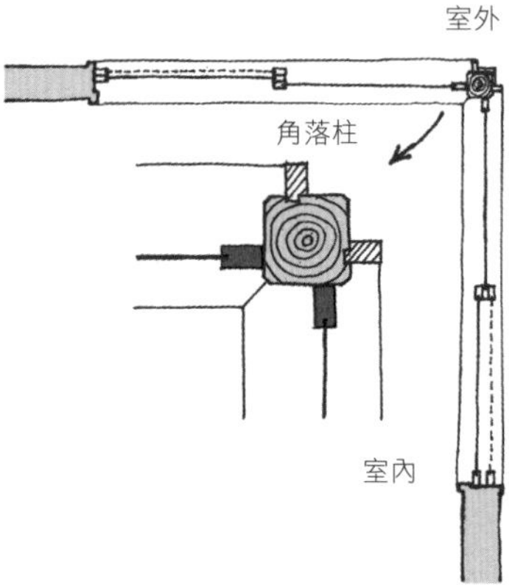

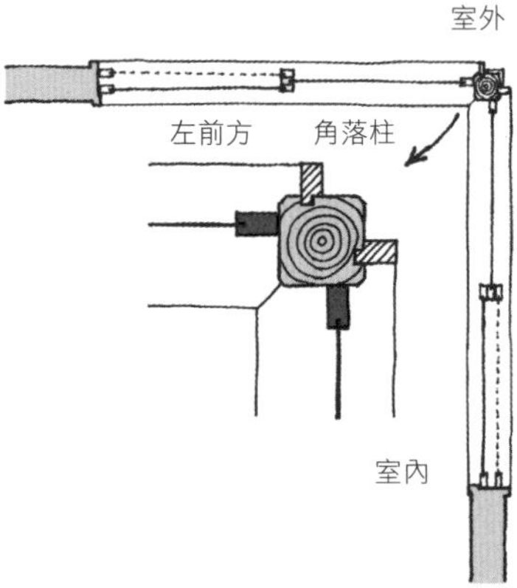

在房間角落的部分，與角落柱子相碰的兩扇窗的門扇前後關係，若沒有特別去思考，依照慣例就設置在右前方的話，好不容易設計的角柱，所露出來的面會不平均，不等長，視覺上會有點小可惜。

裝設左邊的門扇時，刻意設置成左邊在前的話，角落柱露出的面平均，就會顯得落落大方，非常棒！

往左邊推的情況下

推拉門的兩片門都收在左邊的牆壁後方的情況下，設置門扇時，按照右邊在前的設置慣例，牆壁與門扇之間就會出現縫隙，為了解決縫隙問題，左邊的門片左端就必須設置縫隙收邊條。

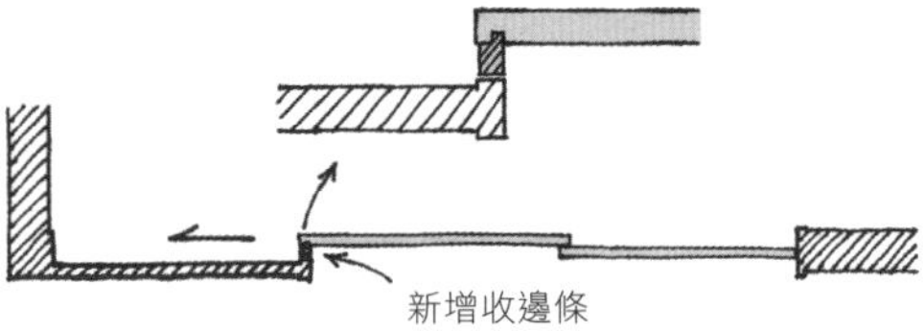

比起這樣麻煩的小功夫，乾脆就把左邊的門片設置在前方，這樣不需要其他加工，也不會有任何的違和感。

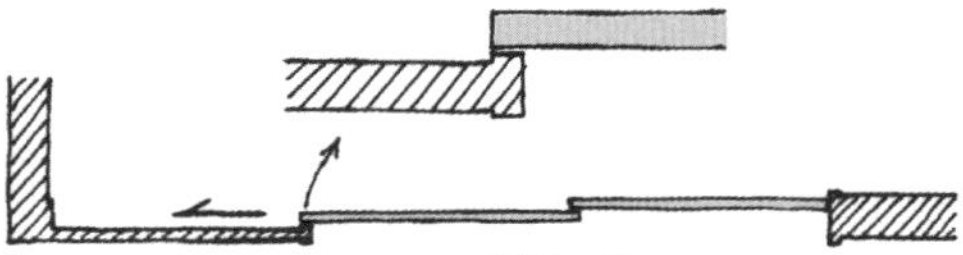

茶室的慣例

除了門扇的設置以外，在茶室空間裡面，
也有很多從過去流傳下來的慣例。

本勝手與逆勝手

本勝手與逆勝手是指壁龕與點前榻榻米*的位置關係，以壁龕為基準，根據榻榻米鋪設方向的不同而異，可不是自己可以擅自決定的！

本勝手（ほんがって）：面向壁龕（床の間）時，主人坐的榻榻米（点前畳）設置在左方之時。

逆勝手（ぎゃくがって）：面向壁龕（床の間）時，主人坐的榻榻米（点前畳）設置在右方之時。

茶道口（さどうぐち）：茶室空間裡，亭主（主人）的出入口。

躙口（にじりぐち）：茶室空間中，客人的出入口

客畳（きゃくだたみ）：客人坐的榻榻米。

踏込畳（ふみこみだたみ）：茶道口前方的榻榻米。

***点前畳**（てまえだたみ）：亭主坐的榻榻米。

貴人畳（きにんだたみ）：貴人（天皇等得高眾望的人）坐的榻榻米。

炉：茶爐。

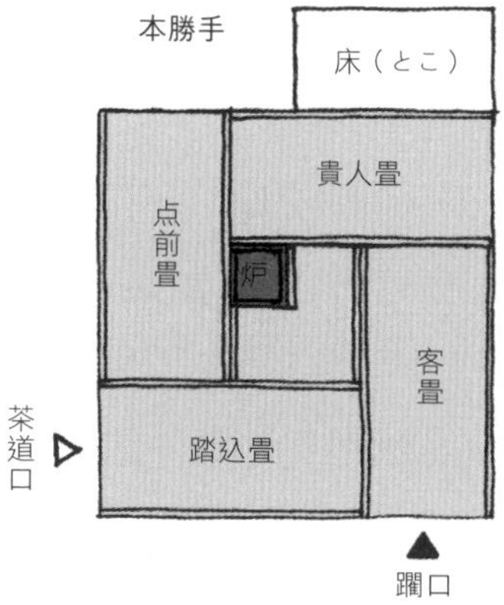

在四片半榻榻米．交錯配置的情況下

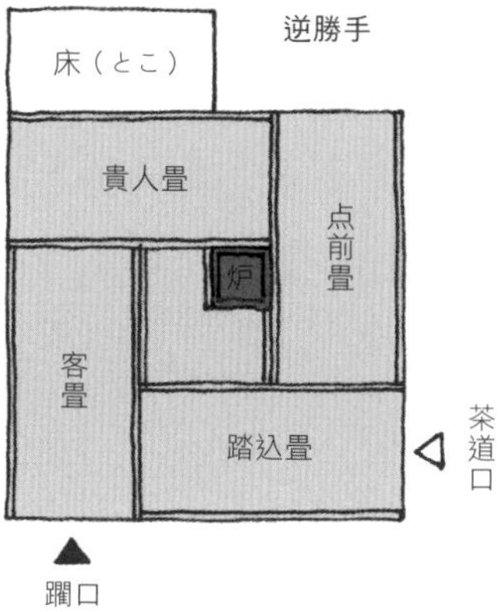

基本

第十二

樓梯的尺寸與階數的方程式

「樓梯各個台階的尺寸都是一定的」這種理所當然的事情，才更應該要再次驗證。

Input第一步！

前往住商混合大樓地下室的居酒屋時，樓梯一階一階的相當陡峭，必須注意踩穩腳步一邊下樓。就在大家吃飽喝足準備回家時，總是會看到某些人上樓梯時，蹌跟蹣跚的風景。該不會是喝太多了吧？不是不是，沒有這回兒事。仔細觀察，會發現一些有趣的事情：你自己或是你的朋友們在爬樓梯的時候，大部分的人在爬上第二階樓梯時，總是會被絆倒或是踩不穩，到底是為什麼呢？

其實，原因就在樓梯第一階階梯的級高＊尺寸。從第二階開始明明就是同樣的級高，但卻只有第一階，總是會有一點高或是有一點低，那是因爲每次在換店家或者是重新裝修時，地板的表面材料通常也會一起更換，所以說，地下一樓的地板高度就這樣時高時低的，樓梯的第一階的級高尺寸也變得跟其他階的高度不一樣了。就算知道是這樣，大家還是都深信著，第一階的級高依舊跟其他階的級高是一樣的！「剩下來的每一階高度，也一定是跟踩上第一步時，身體所感覺到的尺寸同樣的高度吧」，於是就在這種無意識的情況下，身體的感受輸入到腦中，然後抱著這樣錯誤的訊息，直接踩上第二階的台階，於是就被絆倒，或是踩空蹌跟了。

「樓梯每一階的級高都是一樣的」去意識這樣的常態意識是非常重要的。從古自今，人類總是有著對什麼事情都理解、自以爲是的態度。無論是誰，下樓梯的時候明明會好好的注意腳步，踩穩踏階，但上樓梯時就僅是直直的往前看，憑感覺往上爬，跟在爬有著不規則段高的登山步道時會好好的注意腳步比起來，這種自以爲的特徵就更明顯，更值得提出來討論了。

用以下這個原則爲大前提，就有辦法去決定樓梯的基本尺寸，決定樓梯各階的踏面深度與級高的尺寸時的方法，即是將一整座樓梯在平面圖上的長度與在剖面圖上的高度，各自去做等分。

＊級高：樓梯每一階的高度

對於樓梯（的尺寸）無條件的相信

建築物的樓梯，也就是說被設計過的樓梯，
自然而然地就會覺得，各階的尺寸一定是相等的。

被第一階所欺騙

欸！你沒事吧？

哎呀！好像有點喝太多了

＼不不不、這不是你的錯啦／

經過不斷改裝的店鋪，樓梯的第一階的高度，可能都蠻隨便的唷！

在爬樓梯的時候，就只會直直地看著前方

而在走登山步道的時候，反而會好好的注意腳步

一座樓梯的各階要全部一致！

決定級高與級深的尺寸時，首先要先確認是否有符合建築基準法
（台灣是建築技術規則）中的住宅樓梯尺寸規定。

住宅的樓梯

建築基準法（台灣是建築技術規則）的尺寸規定
級高（RISER）
級深（TREAD）
R ≤230mm T ≥150mm（日本建築基準法）
（ R ≤200mm T ≥210mm（台灣建築技術規則））

真的是蠻陡的樓梯呢！但是將法規規定尺寸繪製成圖面之後，就會知道其原因了。樓梯級高與級深的尺寸關係，即是1間＝6尺長，9尺高的樓梯剛好可以分成12段。在1950年建築基準法制定以前，一般日本住宅的二樓或是到閣樓的樓梯尺寸，被視為一種基準，可能也是被暫時接受的標準。

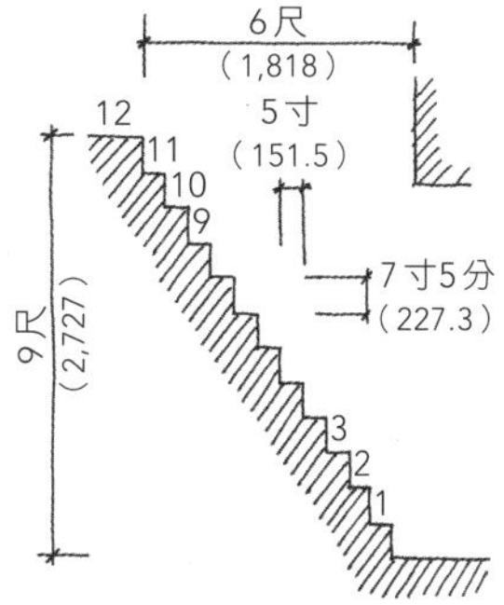

斜率12階的樓梯
將樓梯的斜率設為至少45°。就可以用9尺的長度爬上階高9尺高的樓高。

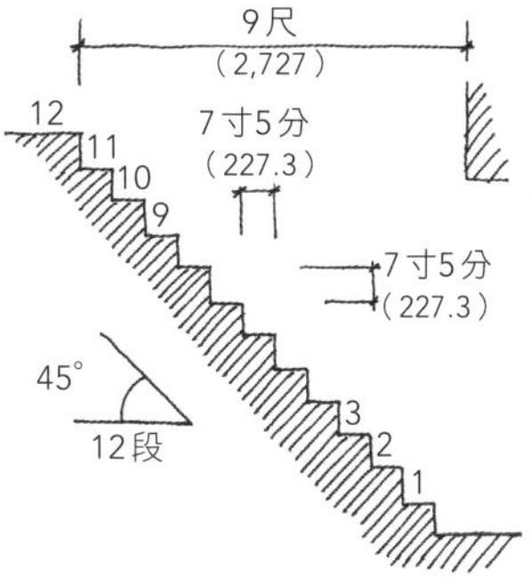

斜率13階的樓梯
不過R=230mm的情況下依舊會有點陡，斜率保持45°，階數增加一階，變成13階的話，R跟T也就同時變成210mm了。

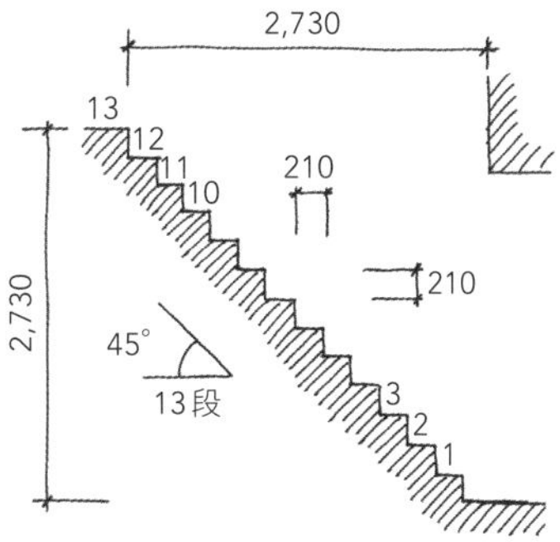

R＋T＝420～450mm 且T≥210mm

R與T的合計，會成為上下樓梯時的舒適度指標。
只要記住這個規則，從室內到室外，所有的樓梯都可以實際的去應用。

好爬的樓梯的尺寸

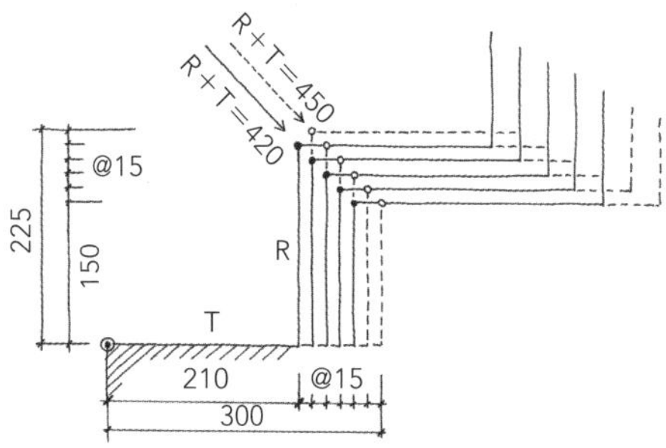

儘管將階數增加到14階、15階，R的尺寸會變得和緩，但反而會讓T只剩不到200mm，級深太淺，樓梯會變得危險。讓R的數值變小的同時T的數值也需要往上提升，這樣的話，才是創造出R與T之間的和諧的關鍵。例如在斜度45°的樓梯時，R跟T的數值就可以固定在150～225mm之間，是一個很合理的數值。

比這樣的斜度更緩的情況下，減少R的數值，增加一點T的數值也是好的。也就是說R與T的合計值即是上下樓梯的舒適指數。

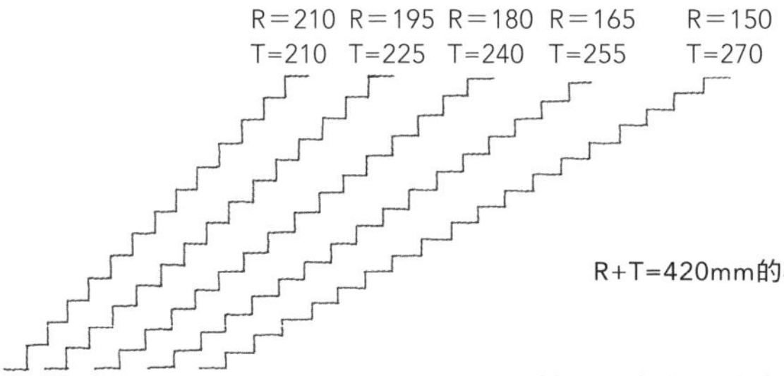

R+T=420mm的樓梯案例

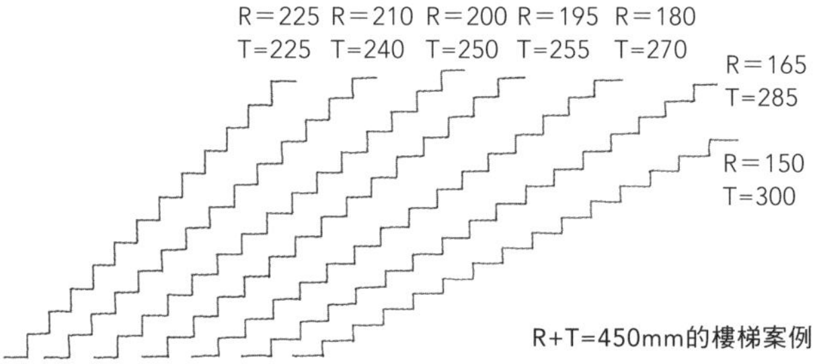

R+T=450mm的樓梯案例

另外補充說明，儘管是同樣的建築物，各樓層的樓高也不一定相同，當然，必須根據不同樓高去調整樓梯尺寸，有一些變化也是無妨，因為輸入進腦袋與身體中的樓梯尺寸，在爬上每一座不同樓梯的第一階開始，又會再次被重新輸入。

小尺寸旋轉樓梯的基本

接下來終於到了旋轉樓梯的部分了。
這裡我們以裝設在住宅空間裡，只有一坪大的小尺寸樓梯來思考。

樓高2700mm、R=225mm、12階

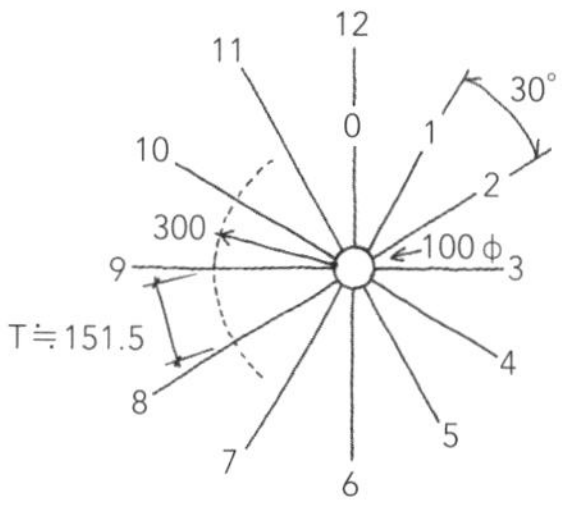

旋轉樓梯，根據建築基本法的規定，從中心的柱子向外算起300mm的位置時，T必要≥150mm（台灣的建築技術規則中T需要≥210mm），以直徑100mm的中心柱來說，向外延伸分成12等份的扇形階梯，則是旋轉樓梯的最低需求。

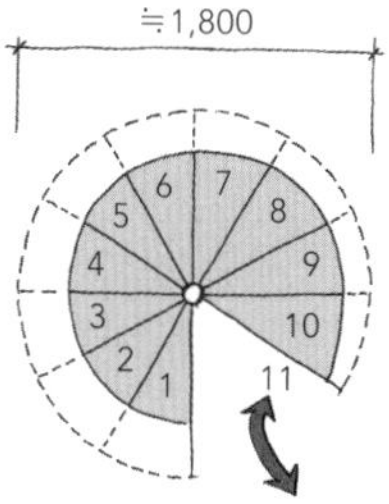

第十一階就是樓地板

因為最後一階至少需要兩階的深度，階數會變回11階，接著將R數值提高到225mm，225x11=2475mm，高度會變得太高，需要再重新檢討，讓高度降低一些。

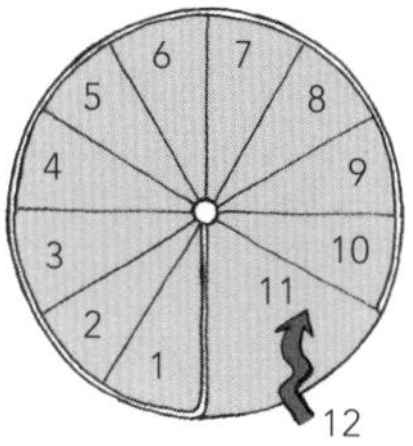

在調整困難的情況下，有一個小技巧：調整第11階的樓梯踏板高度。把2樓樓地板看成為樓梯的第12階，樓高2700mm時，第1階的鼻端與第11階的樓梯踏板之間，不會撞頭的淨高（垂直有效高度）大約可以得到2250mm左右，這樣應該就沒有問題了（不會撞到頭的淨高希望可以有2000mm）。樓高2700mm、R=225mm，加上以小技巧取得的第12階，這樣的尺寸關係，可以說是設計小尺寸的旋轉樓梯時，最基本的尺寸了。

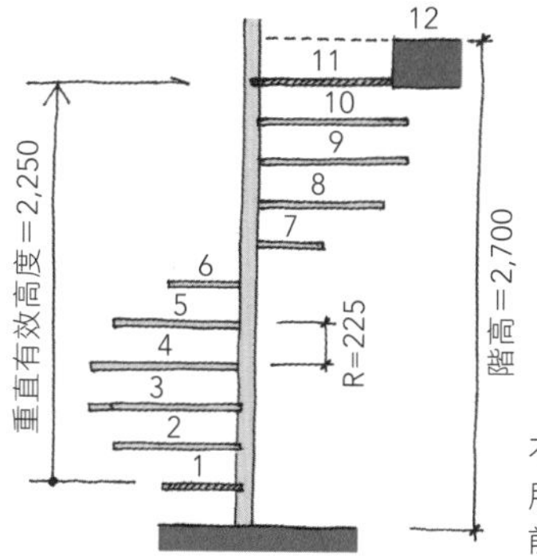

貫穿3層樓以上的旋轉樓梯

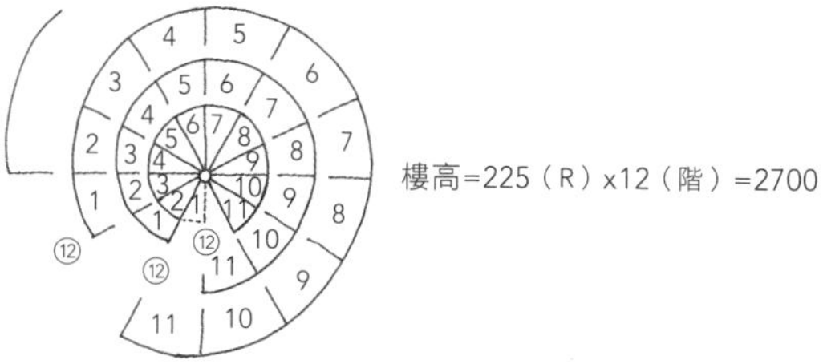

不過，旋轉樓梯在貫穿三層樓以上的情況下，不太適用剛才所提到的小技巧。不能把樓高控制在2500mm前後時，各層樓的第一階與最後一階會被重複計算到，每層的升降位置分別會往前移動30°，在設計的時候要注意唷！

基本

第十三

曾經，料理與用餐是同一事情

調理過後在同一個地方用餐
在我們的DNA裡面，
好像被輸入了這樣單純的生存之術。

演出「用餐」這齣劇的角色們

想像一下餐廳的場景：廚房裡不斷料理的主廚、端出美味食物的外場服務生、用餐的客人們、將用完餐的餐具收拾回廚房的人，還有就是在廚房裡一邊洗著餐盤、邊看邊學的學徒。從「用餐」這個「娛樂」活動的開始到結束，至少需要五個角色。不過實際上，除了那種在英國郊外的大宅邸內生活的貴族們，有著執事或者是僕人的服侍以外，像是我們這種一般的家庭裡，通常都是一人身兼多職。

首先，先分類一下廚房的種類，但不是指一般的I型、L型、U型或是並列型的那種廚房的形狀的區分，而是指廚房與餐廳的配置關係。封閉式廚房（Close Kitchen）、餐廚合併（Dining Kitchen）、開放式廚房（Open Kitchen）、中島式廚房（Island Kitchen）、吧台式廚房（Counter Kitchen）——各種類型的優點、缺點、經常依據每個人的喜好不同而有著各種議論，但從結論來看，其實就是在討論著廚房開放性的程度，換句話說，就是在探討後方景觀的呈現是否合適。

但是，廚房或餐廳空間，或是料理都並非主角，最重要的其實是在內部使用的人。回到建築與住宅空間，我們在設計階段時很容易只聚焦在空間性或者是裝置上，經常忽略「爲了什麼而設計」、「爲了誰而設計」這種最根本的目的，餐食空間也不例外，我們應該從不同的角度重新審視每個人在用餐空間裡的角色，這樣的話，就可以重新了解、認識不同形式的廚房特點了。

做料理的人，也是享用料理的人

一般的家庭裡面，做料理的人通常是……一個人生活的時候是自己？
一個家族的時候是太太？啊，先生說不定也很拿手。

我也要用餐

一個人扮演著做料理、端上桌、用餐、收拾、洗碗盤這些角色，有時候雖然寂寞，但也是一種輕鬆自在的用餐經驗。也有許多人一起共同擔任二到三種不同角色，形成熱鬧用餐的場景。但無論是哪種情況，做菜的人都會一起用餐。（端菜上桌或是收拾餐盤、洗餐具等等的家事，是每一個人都做得到的事情，要主動的幫忙才是唷）

封閉式廚房

指的是廚房位於一個完整的房間內，且與餐廳之間沒有任何的開口。一旦到了用餐時間，本來關在廚房裡滿頭大汗的煮飯的人，脫下圍裙後彷彿變了一個人，跟大家一樣在餐廳裡微笑用著餐。

開放式廚房

在封閉式廚房中，人被關在後方空間，無法與餐廳的人有互動與聯繫。所以把牆打開，擋住手與下身，只露出臉部，這就是開放式廚房的概念。開放式廚房的型態，就像是在向餐廳的人宣告著，正在準備的這些美食，我等等也會一起享用唷！

餐廚合併

餐廳與廚房設置在一起，給人一種方便也輕鬆的感覺，「煮完就在這裡吃吧！」這是一種刻意將餐廳設置到廚房裡面的設計手法。因為烹飪與用餐地點合而為一，所以即使是同一個人兼具了兩種角色，也不會感到任何的不協調。

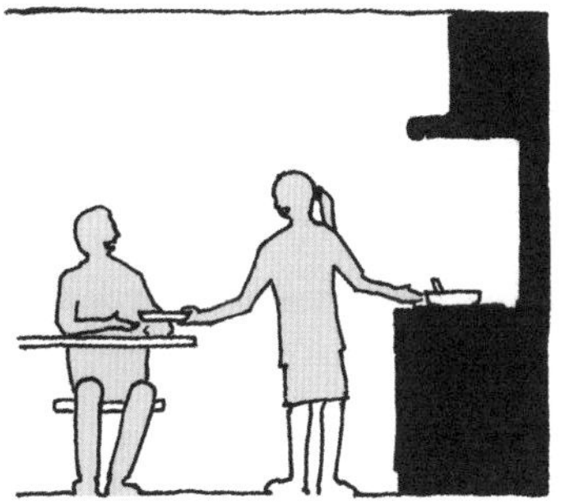

中島式廚房

不，怎麼可以把美味的食物隱藏起來呢！中島廚房的設計讓料理後的美味食物可以大方地端到餐廳主場，非常受到歡迎。這樣的廚房空間鼓勵大家一起參與料理，然後共同享用美食吧！

吧台式廚房

因為會一直不斷烹調新的菜餚，所以趁熱快點吃吧！如果還要點其他的菜色，也不要客氣的點吧！我也會邊做邊吃的！

似乎是帶著點批判性地討論了這麼多用餐空間，但實際上這樣的空間真正被頻繁使用的程度如何呢？

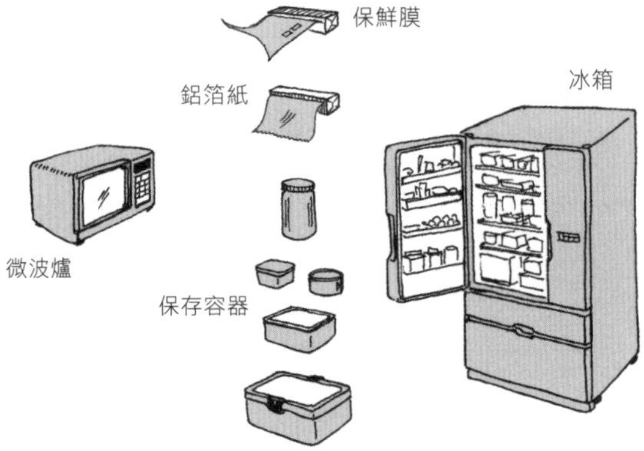

現代社會中，可以延長料理壽命的5種產品

家庭裡的用餐風景正在大轉變中

現代社會的家庭裡，過去那種煮好飯後趁熱吃的習慣，恐怕已經慢慢地在瓦解，家庭全員一起用餐，已經變得非常的少見了吧。一次準備好全家人的飯菜，然後配合著家裡每個人不同的行程端上飯菜，又或是自己依照自己時間去添飯吃，這才是現代社會的樣貌吧。而冰箱、保存容器、保鮮膜、鋁箔紙然後還有微波爐，就是現代社會中，去實現這種用餐型態的重要物件們。

那麼，現代社會是否有需要打造用餐空間呢？又或是，反而因爲一起用餐的次數變少了，更加需要爲了這個寶貴的時間，去好好地設計這些空間呢？這依舊是取決於你與業者的選擇，獨自一個人在中島式廚房做料理並享用，可能會有點孤獨，但如果想像著週末邀請親朋好友來開派對的歡樂氣氛，也未嘗不是一種樂趣。

在同一個地方，一邊料理食物一邊享用

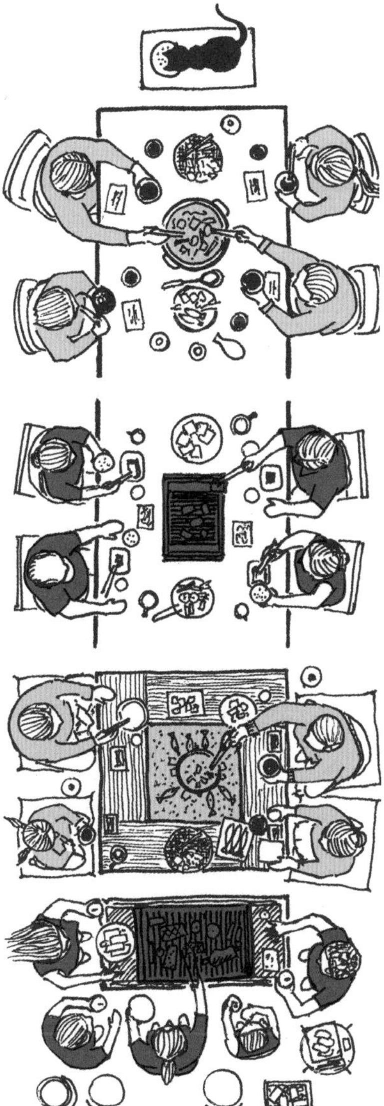

圍爐

今天吃燒肉！

在烤火爐邊悠閒的用餐

在戶外的BBQ派對！

這些不同的用餐體驗無疑是開心的！這樣一來，不但能夠感受到大家一起用餐的愉悅，更可以在即時享用自己料理出來的美味時，感受到幸福的滋味。

基本

第十四

衛浴空間的私有或共有

來不及就糟糕了，馬桶要設置幾個才夠呢？

從馬桶的數量開始，
來思考洗面室、浴室周邊的各種配置。

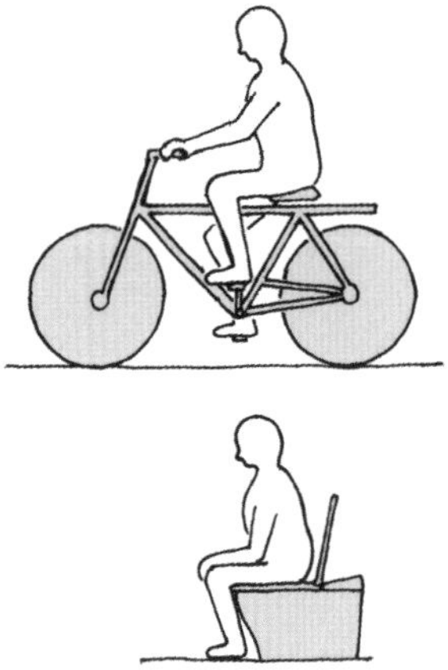

一個人乘坐

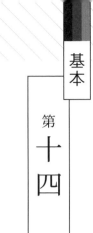

「限定共有」與「依序專有」

大家可能都會有些避諱，不過我們這次，正式要來討論關於廁所的話題。英文裡 Toilet、Lavatory、Bathroom、Restroom、Washroom、Powder room 這些詞都含有廁所之意。反之，翻成日文（中文）後的「便所」、「洗手間」、「浴室」、「休憩室」、「洗面室」、「化妝室」——無論如何只要思考到廁所周邊，話題就會環繞到整個衛浴空間了，那我們就乾脆，從馬桶開始去思考看看吧！

不太有人會認爲，馬桶只是爲了某個特定的人，而被供奉在那裡的。但其實，每個馬桶都是爲了「某個特定的人」而存在，例如男性專用或女性專用。什麼？你說便利商店裡的廁所就是男女兼用啊！不不不，那個是「客人專用」，員工用的廁所其實是有被區分開來的。馬桶上只能乘坐一個人，所以說，基本上廁所就是一個人使用，必須將使用者區分開來。

題外話，學生時期，社團在喫茶店聚會，去廁所時敲了敲門，裡面的人卻說了「請進」，聽到後有點錯愕，不過後來卻笑了出來。

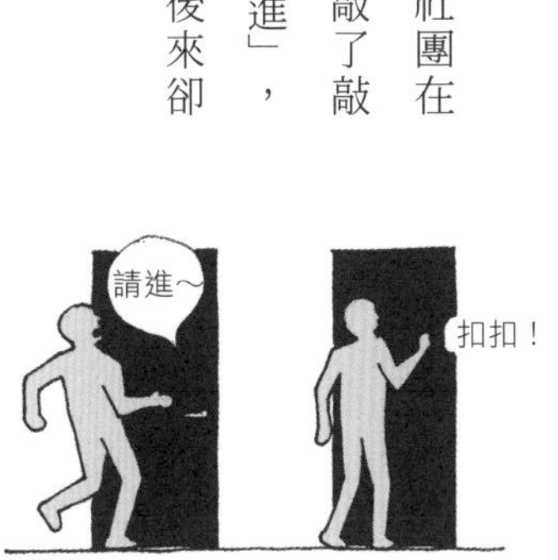

因爲一間廁所一次只能一個人使用，所以很多人要同時使用廁所時，還是要排隊等候。這時候，就產生了專用跟共有這樣複雜的問題了。爲了實現特定多數人的完全共有，就沒有辦法同時兼顧不特定多數人的完全共有，「共用」其實是只給某些「限定的使用者」的「限定共有」吧。限定共有之中，像是媽媽們騎的自動腳踏車或者是馬桶，就算有很多人都有，但使用的時候也還是只能夠一個人一個人去做使用。於是，我將這樣的行爲稱作「依序專有」，這樣一來，終於可以進到我們這次的主題了。

日本的住宅所需要的馬桶數量

這個判斷的基準，是根據「馬桶數量足夠提供急著上廁所的人嗎？」來計算。
來不及上廁所的悲慘後果是可想而知的……給來家裡拜訪的客人使用時也是一樣，
馬桶是給家族與客人（1人）的「依序專用」來做思考。

使用人數與馬桶數量

家族		客人		合計	馬桶
1	+	1	=	2	1個
2	+	1	=	3	
3	+	1	=	4	
4	+	1	=	5	2個
5	+	1	=	6	
6	+	1	=	7	
7	+	1	=	8	3個
8	+	1	=	9	
9	+	1	=	10	

如果是我的話，會在使用人數5人的時候作為一個基準線，也就是說，3個人的小家庭＋客人1人的合計是4人，這時候1個馬桶就足夠了。

4人家庭＋客人1人，合計5人的時候，可設置第2個馬桶。

7人家庭的時候，就必須去考慮第3個馬桶。7人家庭通常像是那種有著爺爺奶奶、爸爸媽媽以及小孩的三代同堂大家族。

到馬桶的距離

因為馬桶很遠，來不及抵達馬桶也令人非常困擾，所以就算是3個人的家庭，在兩層樓的房子的情況下，可能也會需要2間廁所。

兩個馬桶的時候

還少了一些小技巧，來讓所有的使用者都可以有「限定共有」的馬桶。
這時候就需要去設計、去思考，如何將2個馬桶分別分配給限定使用者。

在化妝室時

1個廁所佈置成客人也可以使用的化妝室，那另一個馬桶就會變成是主人限定的廁所了。

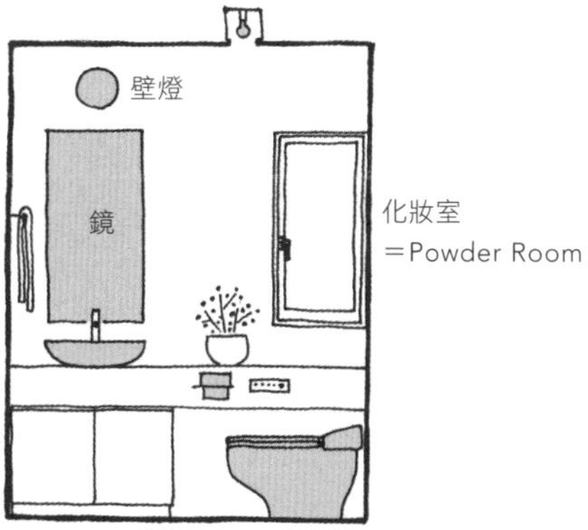

在洗面室、浴室時

第2個馬桶就不需要像是提供給客人使用的化妝室那樣佈置，直接作為給家人使用的空間。家人通常不會在意，明明是「依序專有」的馬桶，卻與洗臉盆或者是浴缸設置在一起，沒有專屬於馬桶自己的獨立空間。

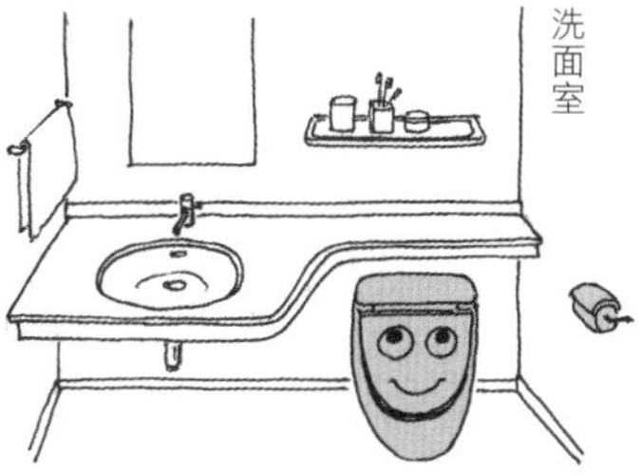

「洗臉盆或者是浴缸的使用次數明明就比我少很多，跟我在同一個空間也沒關係吧！而且這裡因為有洗臉盆，就不需在另外裝洗手盆了！」

＊洗手盆：日文是手洗い器，通常會裝置在只有馬桶的廁所裡，比一般洗臉盆尺寸來得小。

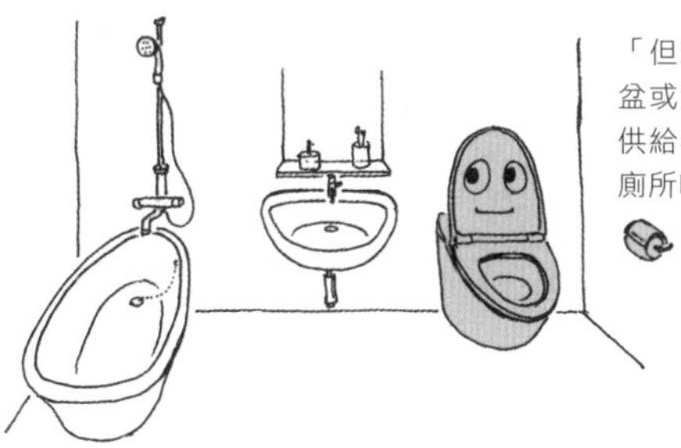

「但若是有人在使用洗臉盆或浴缸的時候，就去提供給客人使用的化妝室上廁所吧！」

馬桶、洗臉盆、浴缸放在一起也沒有關係

的確，將第2個馬桶與洗臉盆和浴缸放一起的設計方法，空間就能有效地被利用。
這樣的設計方法，小夫妻的小住宅裡的衛浴空間，也會比較簡練乾淨。

給兩個人使用的衛浴空間

若是客人來的時候該怎麼辦？客人來的時候不會去使用浴缸吧，所以沒有關係的。

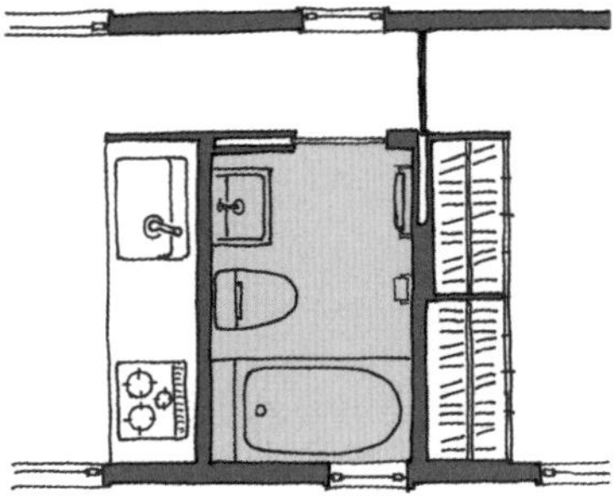

歐美的住宅

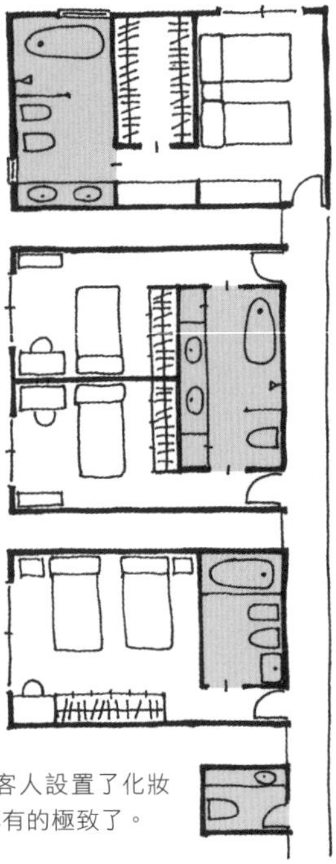

確實，歐美的主臥房裡會有專屬於夫妻的浴室。

也可以理解讓2個小孩共用1個衛浴，難怪會把廁所（toilet）也稱作浴室（bathroom）。

客房裡面當然也會有浴室，馬桶的依序專有者只有兩位，也就是最小的共有人數。

另外，還為了只有當天來訪的客人設置了化妝室，非常周到，可以說是限定專有的極致了。

我們日本的住宅特性，實在稱不上奢華

在歐美國家，寢室內更衣是浴室設計的基本前提，但並不適用於日本。
因此第二個馬桶若是與洗臉盆和浴缸擺在同一個空間時，必須考慮到缺乏脫衣空間的問題。

洗臉盆、浴缸、馬桶的排列組合

洗澡前脫下來的衣服要放在哪裡呢？同樣大小的空間裡也有各種不同的配置方式。看了這些排列組合，也請思考看看你與你的家人比較適合哪一種，我就不加入討論了。

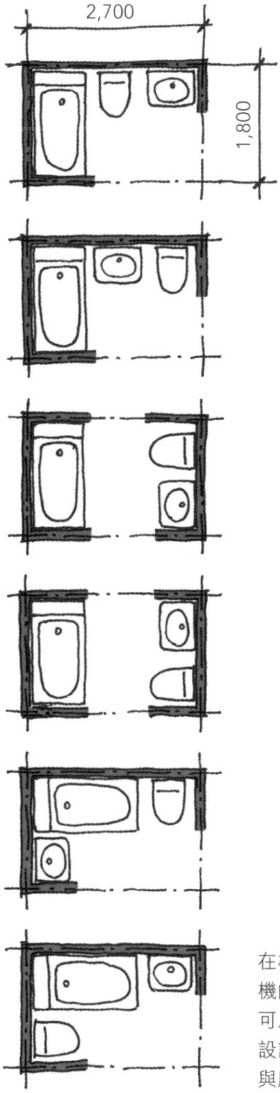

要從哪邊進出呢？

在檢討脫衣空間的時候，洗衣機的位置也需要一起檢討。也可以去參考我所著作的「住宅設計解剖圖鑑」裡的「盥洗室與廚浴空間」

基本

第十五

雨水排水與防水是不同的事情

出口在那邊！

雨水的三招必殺技：風壓力、毛細現象、表面張力。
直接正面迎擊它們其實不太有勝算，
所以乾脆放棄無謂的抵抗，
誠實地、乾脆地、輕鬆地迴避才是明智之舉。

防止雨水的形式是什麼？

颱風過後的早晨，設計者會一邊看著放晴的藍天，一邊擔心著會不會接到業主電話。去年秋天開始一直到今年夏天才完工、交屋的新建案，能否撐得過這次的風吹雨打呢……

建築的設計、施工，最令人不安與煩惱的代表，可以說就是「漏水」了。就算結構、設備、材料的技術不斷提升，我們依舊被風雨威脅著、困擾著。對於這個問題的對策，就是去思考「雨水排水」。噢！不要搞混了，「雨水排水」與「防水」並不是同一件事。

「防水」指的是利用防水墊、防水塗料或是矽利康等等有防水性能的建材進行施工的一種方法。而「雨水排水」指的是對於形式去下功夫。無論再優秀的防水材料，沒有好好的去使用它，也都是白費工夫。如果想更詳細了解建築上，面對的雨水性質以及雨水處理的方式，我推薦『雨仕舞の仕組み 基本と応用（雨水排水的設計方法 基本與應用）』（石川廣三著、彰国社）這一本書，是在處理雨水上的經典著作，我也很常拿來做參考。

嗯？希望我可以標出幾個重點？那麼…我們要先溫故知新。在學習小技巧之前，首先要了解前人的智慧以及基本常識，我們可以從過去日本古民家的屋頂設計中看見，他們處理雨水排水的方式非常出色。

說到古民家的構築材料，通常我們會想到木材、草、紙（都來自植物）以及石頭，且沒有使用釘子。在沒有玻璃也沒有合成樹脂的那個年代，更不會有防水矽利康等等的，沒有倚賴防水建材，是怎麼樣建造出遮避風雨的避風港呢？我重新整理了在古民家屋頂可以看見的那些雨水排水技巧，應該可以從中找到也適用於現代社會的訣竅吧！

從古民家學習雨水排水的智慧

重點有四個：屋頂斜度、出簷深度、水切（滴水）、縫隙。
讓雨水迅速地排走，避免滲入，並悄悄地驅逐。

絕妙的茅草屋頂

將幾乎沒有防水功能的茅草以較陡的斜率鋪設成屋頂，雨水就會迅速地排走。屋頂的斜率，與屋頂材料的防水性能成反比。

將出簷加深，盡可能讓雨水遠離牆面，也是為了防止雨水輕易的潑濺到容易造成漏水的屋簷內側與牆壁的接合處，以防止雨水滲入。

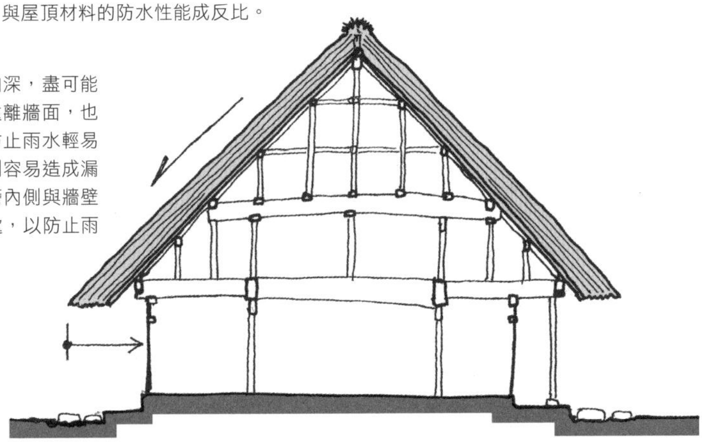

只有將茅草們結成一束束，是沒有辦法防止雨水滲入的。將茅草結成束，以不陡也不緩的斜度，絕妙的排列與重疊方法，讓厚屋頂內部有許多空隙，這些空隙則成為水流出的路徑，這些想要滲入的雨水，在滲到屋內以前，就先沿著水道從屋簷處被排掉了。

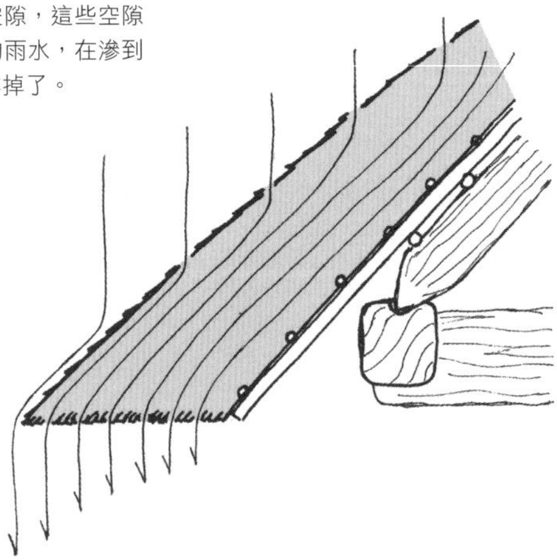

為了防止雨水滲進屋簷內側的接合部，希望在屋簷前端就讓雨水直接滴下。茅草屋頂的屋簷前端沒有收邊，水會直接從被修剪過的茅草前端落下，而不會流進屋簷內部，我們稱這樣的行為為「水切」或是「滴水」。

現在的建築物也是一樣

對現代的建築物而言，
抓住與古民家相同的四個雨水排水的重點，就很足夠了。

屋頂斜度

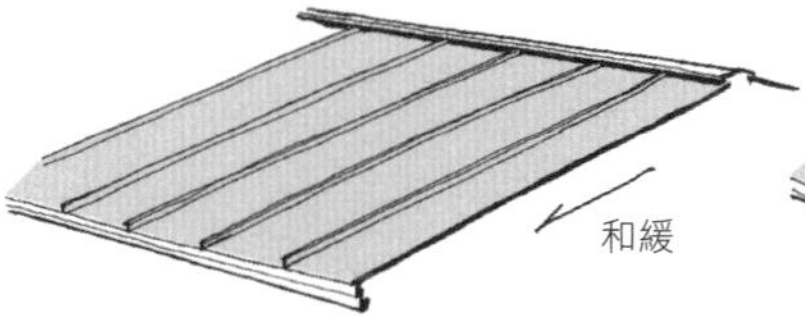

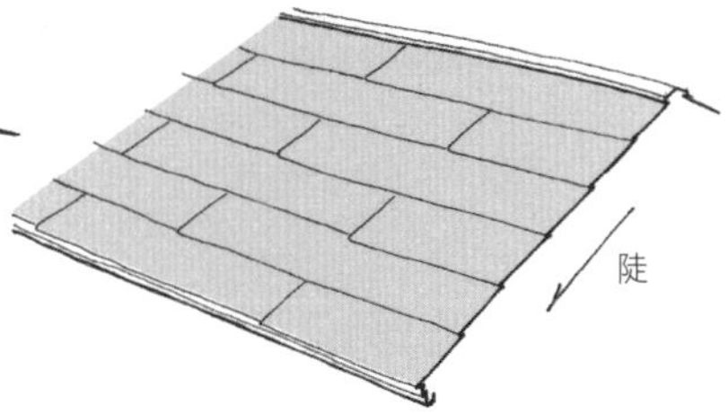

跟現在常被使用的鍍鋁鋅鋼板屋頂的鋪設方式來做比較的話可能更容易理解，直向鋪設或者是直向扣合式屋頂鋪設的方式，從屋脊到屋簷以一片鋼板來鋪設，鋼板之間就不會有縫隙，也不會擔心漏水，這時候就可以用比較緩的斜度去設計屋頂。

另一方面，平扣式橫向鋪設時，在橫豎方向都會產生接合處，為了不要讓這些接合處成為雨水浸到內部的途徑，就必須以比較陡的斜度設計，讓雨水可以迅速排掉。

出簷深度

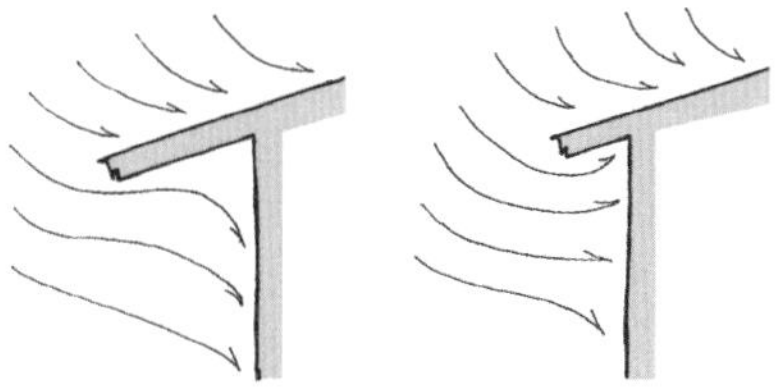

屋簷的深度越深，越能保護屋簷內部與外牆頂部的接合處（水平材料與垂直材料接合的內角部分）防止雨水的侵擾，也能減緩風雨對外牆的侵蝕，延緩外牆劣化。

水切（滴水）

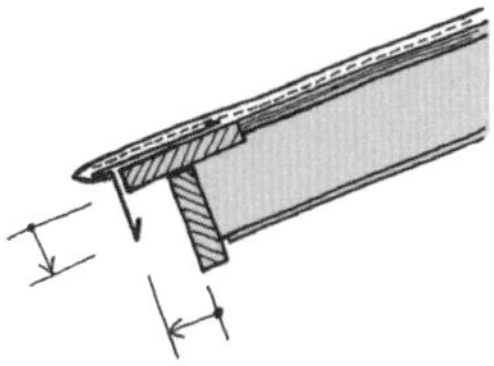

屋簷尖端滴水五金的設置，要超過封簷板*。

*封簷板：斜屋頂形式時，屋簷前段側邊的封板。

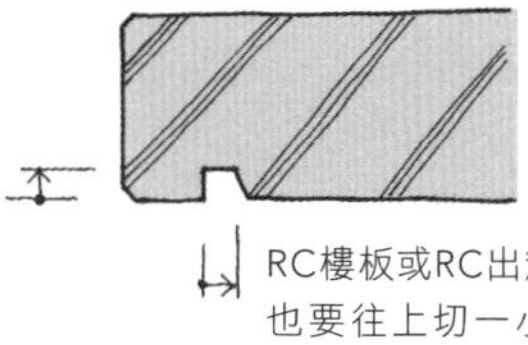

RC樓板或RC出簷的下方也要往上切一小縫隙，作為水切（滴水線）

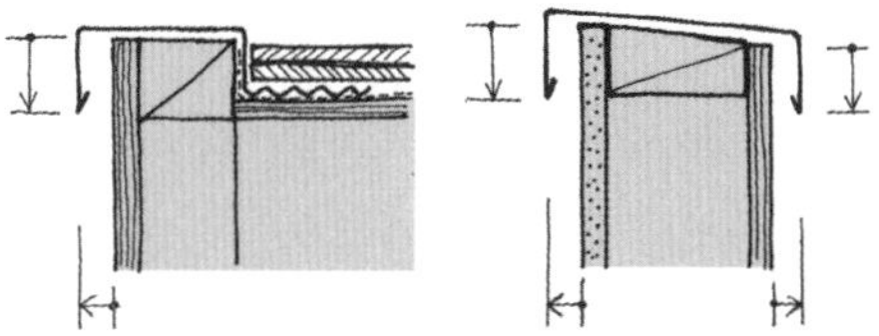

如果認為山牆側出簷的水切部或者是女兒牆頂端的笠木單單只是個蓋板，那你就錯了。如果不好好的跟雨水劃出界線，他們會充滿執念緊追不捨的。

縫隙的處理方式

茅草束的縫隙，擔任著現代的「氣室」角色。在平鋪的屋頂形式
或者是與外牆的接合處、與內屋簷的接合處，很常使用到的一個訣竅。

氣室的原理

盡量將面向外部的縫隙開大，然後將內側的縫隙縮小，將它們設置在對抗雨水入侵的最前線，面對雨水的入侵，不能只是拼命地去防止它進來，更是要排除它想要進到內部的慾望，就算不小心跑進來了，最終還是要想辦法讓它流出去。

一般來説室外與室內的氣壓是一定的，但是在有風雨時，室外的氣壓變得不穩定，有時高有時低，也就是説，是雨水會變成一種波狀的攻擊，面向室外的縫隙越大，室外與氣室的壓力相等，雨水就不容易被推進。（等壓接縫 Equal Pressure Joint，開放式接縫 Open Joint）。

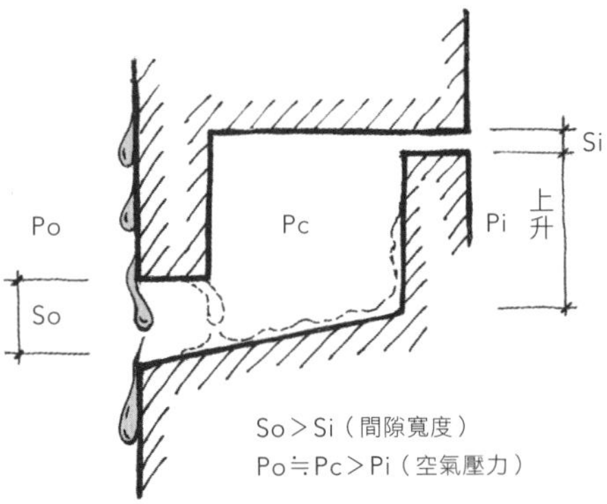

但就算這樣，由於表面張力的關係，水還是很容易入侵，但只要在內側的隙縫中，築起足夠高度的圍牆，他們也只能無奈放棄了。

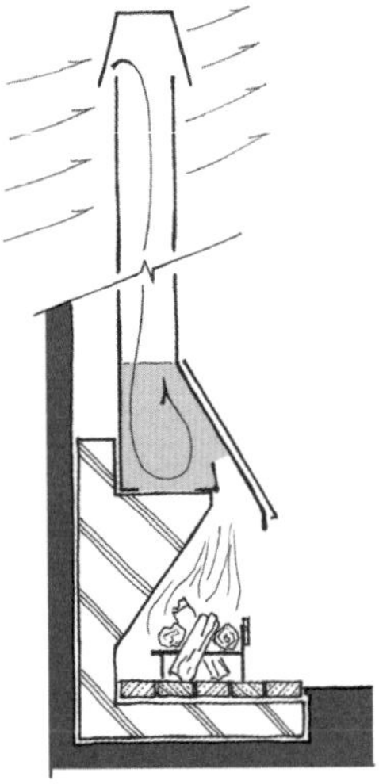

暖爐上的煙囪裡，設置比煙囪寬度還大的氣室，是為了不要讓外部的強風入侵，讓風變得和緩柔軟，這也是同樣的思考方式，另一種氣室的做法。

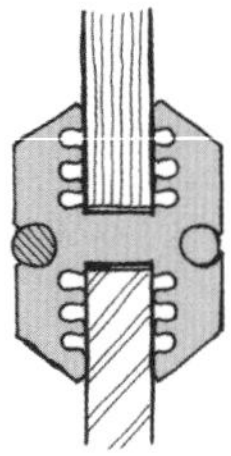

固定玻璃的橡膠扣環內的細小溝槽，是氣室的陣列。

接合部應該有的形狀

屋頂材料
（平扣式橫向鋪設）

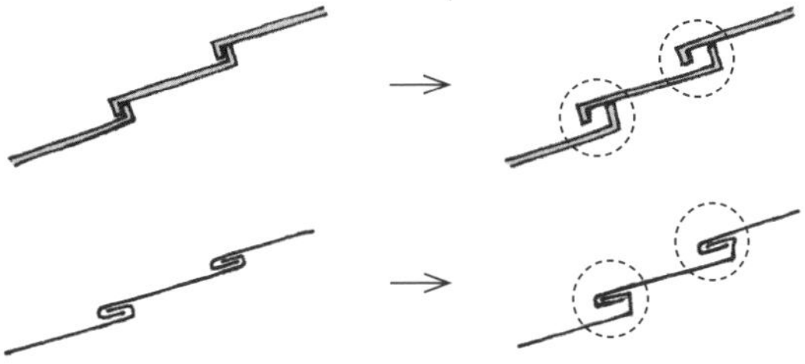

屋脊壓版

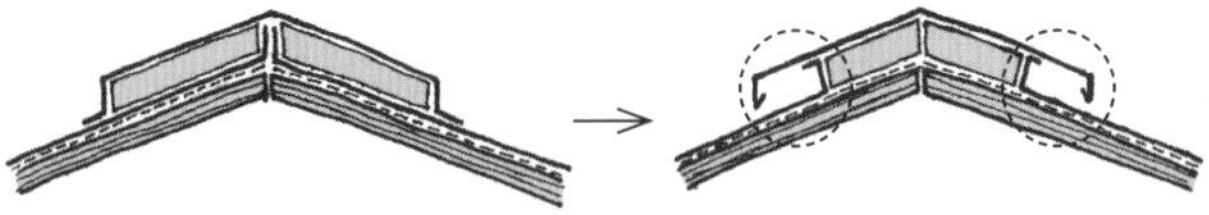

在接合部設置氣室

外廊屋簷的防雨水壓板

木地板的接合處

木牆板的接合處

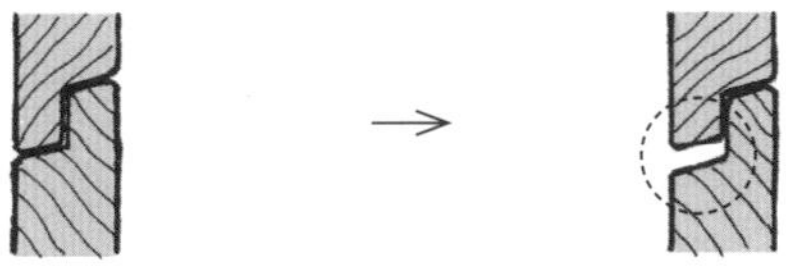

牆壁材料

板材的接合處

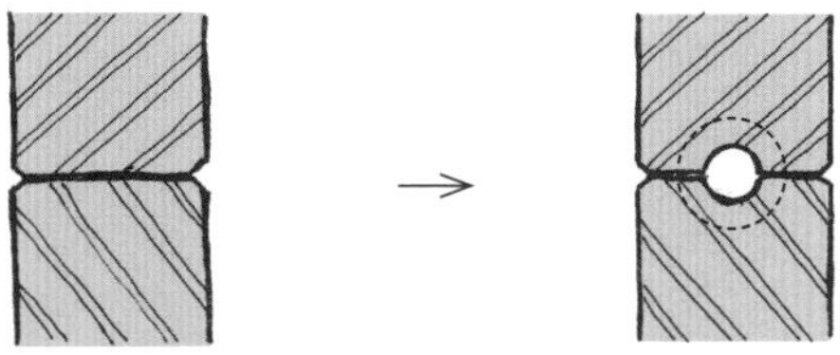

防止突如其來的雨水攻擊

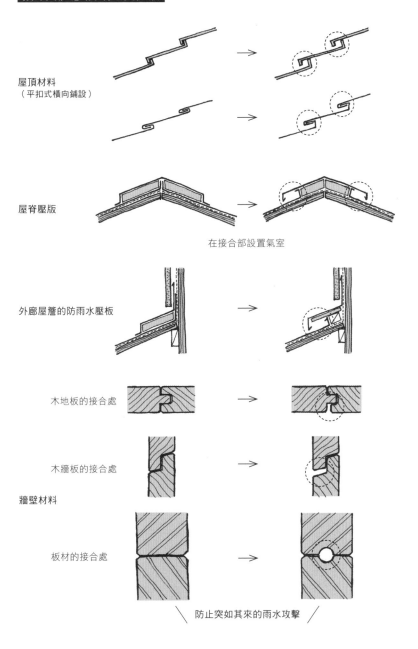

基本

第十六

物品總會留存下來

到底是為什麼呢？
東西總像是快要滿出來一樣不斷增加。
執著於尋找解決辦法時，反而會刺激物品的生命力。

全部擺出來≠散亂

「聰明的收納術」、「聰明的收納特輯」——每次看到這樣的文章我總是會忍不住碎念「反正我就是不聰明啊」，一邊沮喪也一邊碎念「反正這個世界上大部分的人也都不聰明吧」

我的房間塞滿了許多東西，說實在的呢，也稍微影響到了生活，但是，因爲經常使用的東西隨手可及，被唸的時候就會稍微賭氣的說「這樣就都不用特別起身移動了」。其實我應該更大方地主張，整理並不僅是將東西收起來，而是將特定時候需要使用的東西，擺在隨手可及的地方，隨時待機才對。

房間裡擺滿了東西是正常的，所以可以自己決定要擺出多少東西。但希望大家能夠意識到，「不把所有東西都收起來不行」這樣的想法，其實不太正確，而且如果覺得沒有把東西收起來，會是一件丟臉的事，那其實只是因爲在意他人的眼光，而不是因爲自己。

把東西擺設出來的景色，是一種充滿生氣、活著的證據。

下了好幾天的雨終於放晴了，把衣服與寢具一起晾曬在家裡的露台或是陽台上，隨風搖曳也隨著太陽閃爍。

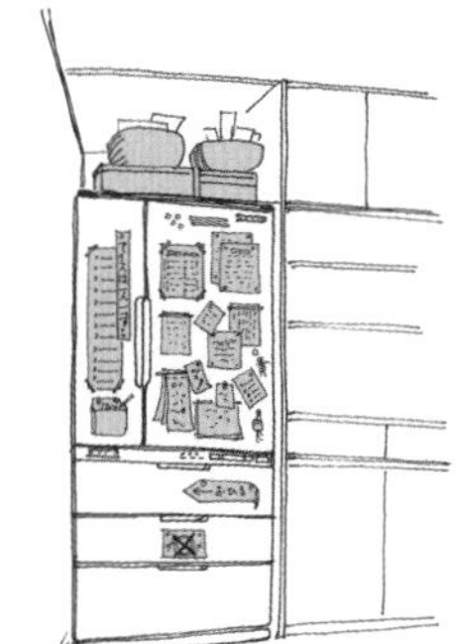

育兒生活全盛期的每一日，冰箱門上用磁鐵貼滿著學校的聯絡事項、買菜清單或是留言便利貼等等的。

學校設計課交圖的早晨，完成的模型旁散落著材料的殘骸、折下的美工刀刀片、泡麵空碗或者是吃完的零食包裝，這必定是熬夜了吧。每次看到這樣的風景，我總是感動欣慰想要為他們拍拍手。

CHIPS
YOU DID YOUR BEST!

能感受到認真努力的畫面裡，總是堆滿了各種物品

收納中可以看到一些共通的模式

無論是家裡擺滿東西的人或者是東西少，過著簡樸生活的人。無論是住在豪宅或者是住在狹小公寓裡的人，都可以在整理收納中觀察到一些共通的模式。
讓我們來重新整理（!?）一下這件事情吧。

東西的使用頻繁度與收納場所

將東西的使用頻繁度分成五種等級

● ジョージ Joeji 經常使用 原子筆

▲ ズイジ Zuiji 隨時使用 螢光筆

■ イチジ Ichiji 偶爾使用 色鉛筆

★ ダイジ Daiji 重要的 鋼筆

✕ イコジ Icoji 頑固的 毛筆

以文具為例

東西的擺放位置，粗略可分成下面這四個地方吧

Cabinet（棚架）
不能放進櫥櫃但還是想整齊收納物品的地方。就像是房間裡擺放的五斗櫃、餐具架或者是書架，甚至有些充滿回憶的傢俱。

Habitat（棲息地）
你所居住的房間或者是指LDK*這個空間

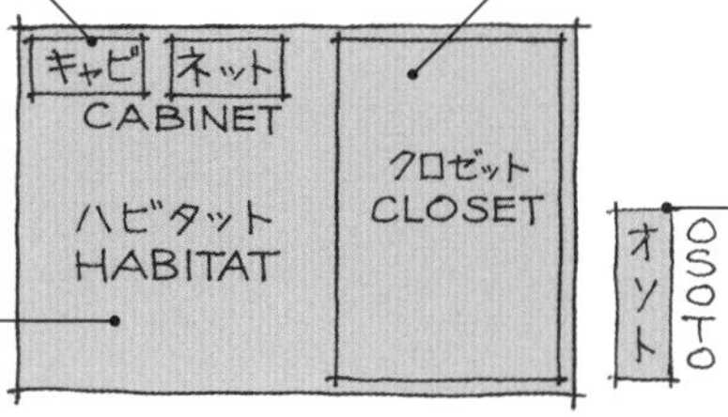

Closet（櫥櫃）
可能是儲藏室、步入式衣櫥、壁櫥或者是系統式傢俱、食品儲藏室、衣帽間等等。

OSOTO（戶外）
因為室內已經放不下，所以擺置在戶外的儲藏空間，也就是說丟置到外面。

*LDK：日本住宅配置L = Living room、D=Dining room、K=Kitchen

將五種收納等級的東西，以及他們應該存在的收納場所做了表格分配（初期狀態）

隨時使用的物品，一開始可能會被收到櫥櫃裡，但因為隨時要被召喚出來，所以還是把它收到棚架裡吧。

經常使用的東西，當然就是放在隨手可及的棲息地。

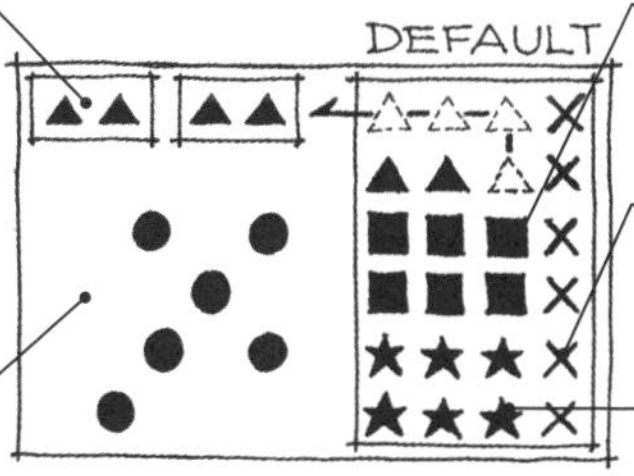

偶爾使用的東西，它們也知道自己的本分，會乖乖待在櫥櫃裡。

那些頑固不知道要收到哪裡的東西們，因為拿出來也會被討厭，所以就藏到櫥櫃深處。

重要的東西，整齊地被擺在櫥櫃前方，等著隨時聽到「拿出來吧！」的話語。

在這樣狀態下的話，住宅的收納計劃應該不會有什麼太大問題吧……

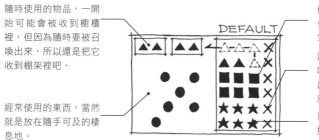

只是呢，東西一定會越來越多啊

變成慘不忍睹的狀態之前，你跟我跟世界上大部分的人呢，
會裝作沒看到這些不斷增長，越發繁盛的東西們。

物品的繁殖生態……實在是令人束手無策

經常使用的東西，有足夠的數量後就應該會滿足，如果購入新的，舊東西理應要被自然淘汰掉，只不過，經常會因為捨不得丟掉它們，而被分類到不知道要收到哪裡的頑固物品等級裡。

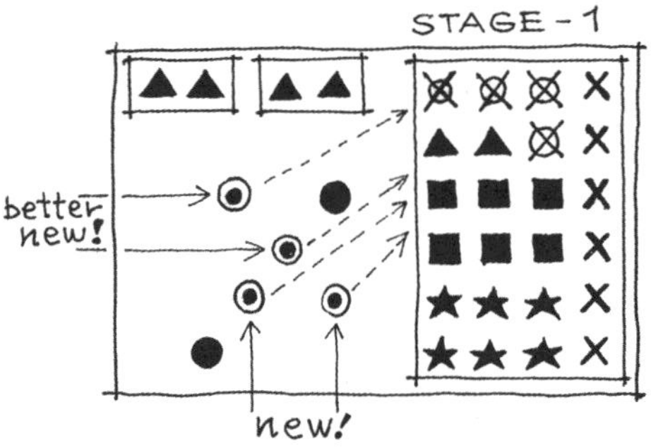

範例：●經常使用　▲隨時使用
■偶爾使用　★重要的　✕頑固的

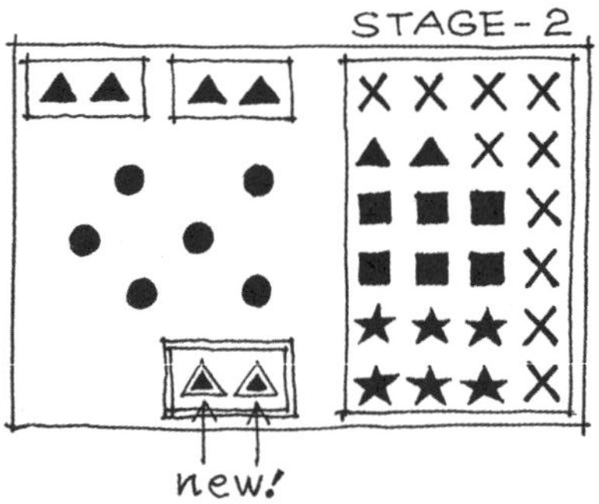

隨時使用的東西，隨著新品的登場，原來的東西淪為舊貨，可能把它丟掉，或者是將它降級到偶爾使用的物品中，以前輩的身份，住進櫥櫃裡面，而新人因為隨時都可能被使用到，就擺進棚架上，也讓架上有個新氣象。

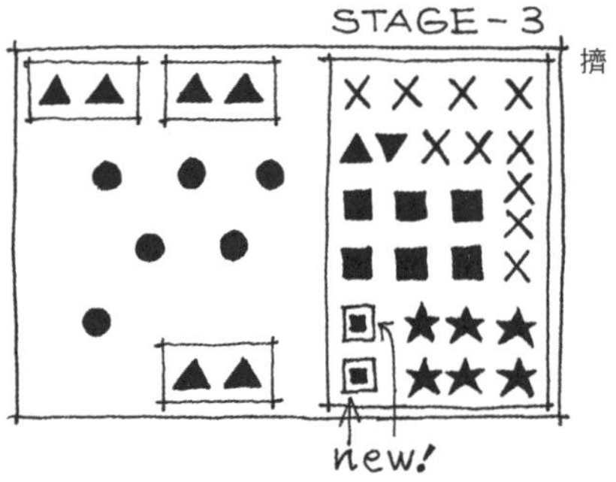

偶爾使用的東西，迎來新面孔的可能性其實意外的高，明明只是偶爾使用，但總是想著偶爾會用到，就不自覺的把它帶回家，然後跟著舊面孔一起擠進衣櫃裡。

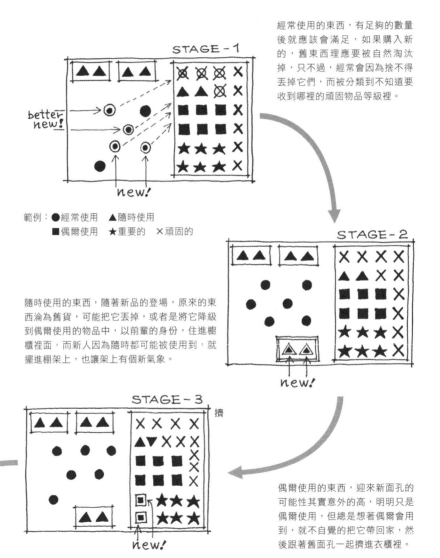

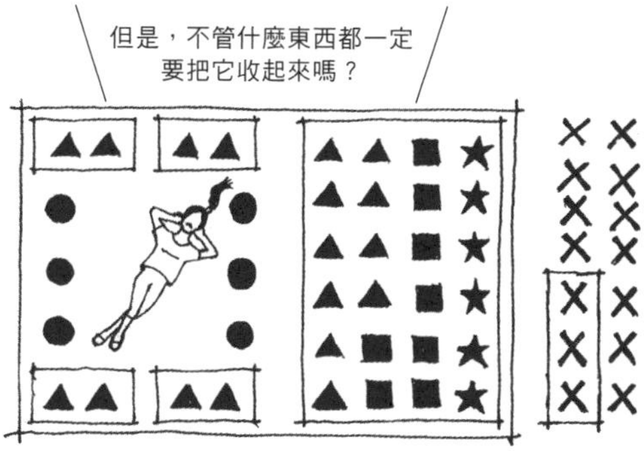
但是，不管什麼東西都一定要把它收起來嗎？

很明顯地，只能丟掉了。下定決心，先把櫥櫃裡面那些頑固的東西放到外面去。然後一邊把櫥櫃裡重要的東西收進深處，也一邊對著它們喊話：「不要變成頑固的東西啊！」。看著稍微空出來的櫥櫃，內心自責痛苦，一邊斥責但也一邊慢慢地把那些頑固的東西收起來。

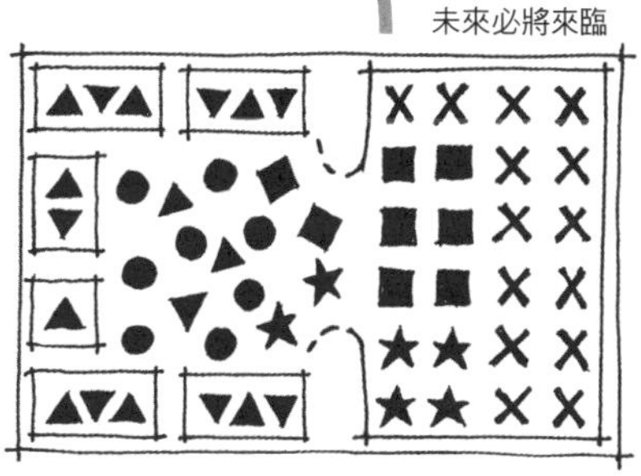
未來必將來臨

自己的棲息地裡經常使用的東西蔓延著，隨時使用的東西也不小心溢出來了，新的棚架侵略了棲息地，一旁櫥櫃也在哀嚎著，不只是偶爾使用的東西，就連重要的東西也都被擠了出來，櫥櫃與生活空間全都混在一起，看不出有什麼區別了。

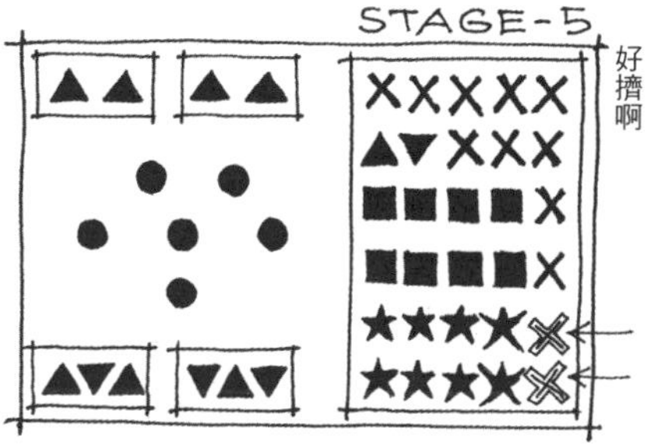
STAGE-5
好擠啊

照理說不會有人刻意去增加一些不必要的東西，但總有例外，從別人那邊收到的禮物，就是一個很好的例子。就算不會使用，但也不能就馬上把它丟掉，所以就只能塞進櫥櫃裡了。

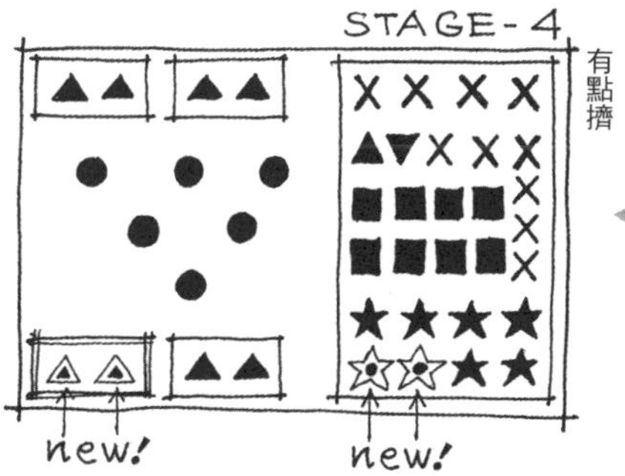
STAGE-4
有點擠
new!
new!

重要的東西不太容易出現新面孔，就算出現了新面孔，因為都很重要，也不會把舊的東西丟掉，它們不太會變成不知道要收到哪裡的頑固玩意兒，所以還是整齊地被收在櫥櫃裡。

基本

第十七

整理不等於收拾

改革收納的意識

整理，是指將要使用的東西「乾淨整齊」的擺放出來。
收拾，是指將不使用的東西，藏在方便拿出來的地方。

真正聰明的收納術

首先，我們要先從「東西就是要把它收拾起來」的刻板印象，「不藏起來不行」的這種強迫型的錯誤觀念裡面解放出來。試著跳脫這個觀念，再開始去整理，經常使用的東西擺在外面是理所當然的，使用後的東西放在外面，也不會有任何的違和感。真正聰明的收納方法，就是只有「擺出來」以及「收起來」這兩個關鍵字而已。

但請不要將可以把經常使用的東西「擺設出來」理解成可以到處亂放，擺出來指的就是，整齊地將它們排列好，隨時準備就緒的意思。要特別注意一下排列的方式：單單覺得「就擺在那裡」是不夠的，過一會兒它們就會開始移動，排列就會被打亂。那麼，應該怎麼做呢？其實可將它們吊起來，懸吊這個方法，在力學裡本身就是一種安定的固定方式，如果都將它們吊掛起來，這些東西就不容易逃走了。

那麼平常不太使用，爲了使用時方便拿出來的那些「被收起來的東西」該怎麼做呢？活用收納術，將日常與物品建立良好關係的訣竅有三個：①可以的話不要裝設櫃門板②但並非讓它完全露出③強迫讓它成爲日常收納的一部分。

說到收納，多數人會認爲是「把東西收到櫃子裡」，關上門什麼都看不到就好了吧。但其實，這一扇櫃門，對於收拾這個行爲造成很大的障礙。收拾，也就是說擺出、放入、吊掛這種簡單的動作，一次就可以完成的事情，偏偏又要加上「打開櫃門」這個動作，想著要來好好收拾，卻好像被這扇門拒絕的樣子：看起來像一片牆「牆壁收納法」也是，剛開始像是衛兵一樣值得依賴，令人安心，現在卻像是被機動隊的盾牌阻擋在外的感覺！所以乾脆不要櫃門是不是比較和平一點呢。

吊起來的話就不會凌亂

力學上，懸掛本身就是一個安定的固定方法。更棒的是，這些為了掛東西的掛勾們，都會有著自己的固定位置，不會凌亂。

只要一根圓棒就能變成簡單的汙衣櫃

不裝門是重點

在玄關裝置一根圓棒，掛上每天都會穿的大衣或者是圍巾相當的方便，只要這樣，客廳的沙發上就不會堆滿了外出服了。

廚房裡的先發球員

請減少候補球員

廚房的吊櫃下方也只要一根棒子，不需要特別的指派，料理長筷、鍋鏟、湯勺、木鏟、菜夾、有手把的鍋子或是濾網，主力陣容一字排開。

還不需要收起來時

你不覺得只要將每天晚上穿的睡衣與浴袍掛在寢室的牆壁上，就不用丟在床上了嗎？而且也不想要每次都從衣櫃裡拿進拿出啊。

只要吊起來自然會晾乾

洗面室除了毛巾以外，將手帕或者是小包衛生紙裝到袋子裡面然後吊起來，也是個不錯點子。

沒辦法吊掛起來的東西就放到箱子裡

當然，沒辦法將所有經常使用的物品都吊起來，
這時候，就是派出櫥櫃裡重要物品們的時候了！

平常也使用那些被珍藏的盒子們

如果已經不使用毛筆了，將普通的文具也放到文房四寶盒裡

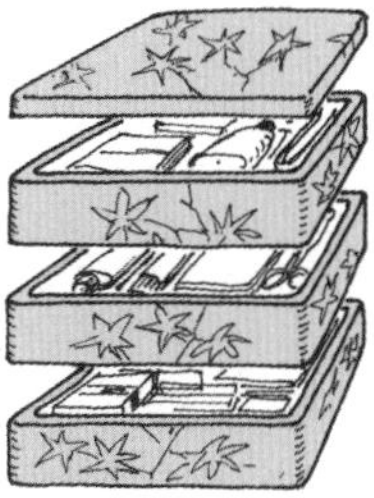

如果已經沒有在做年菜了，放年菜的高級盒子（重箱）可以當作醫藥箱來使用

放著高級的酒或點心的桐木盒子可拿來放刀叉

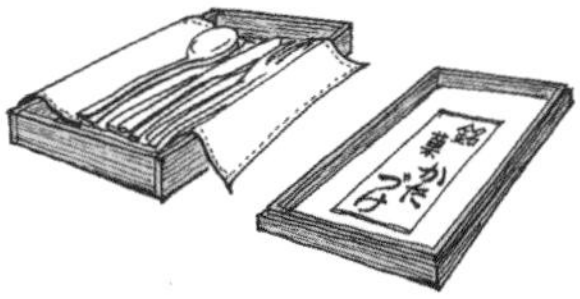

各種顏色的圖釘、磁鐵、便條貼……與其放到塑膠盒裡面，不如放進不常用的威尼斯或捷克買的玻璃杯裡

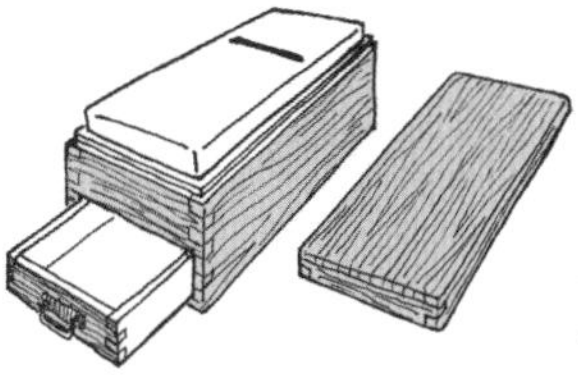

削柴魚片的器具！是不是躺在櫃子裡很久了？就照著原本樣子，或者是把它們分開，也都可以再拿來使用唷

以前家裡留下來，有點捨不得丟的木製小爬梯跟竹製盤

雖然不是特別有價值，但實在不忍被丟掉：本身就有重量，不好處理的火缽與壺器

就這樣把需要的物品一個個擺出來，讓經常使用以及隨時使用的東西，放到適當的場所待機，甚至讓一直想要展示出來的重要物品也得以見光，讓人感到一絲欣慰。但是呢，還有常被使用的東西依舊被收著，它們都還蠢蠢欲動的準備衝出來呢。

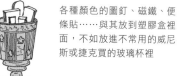

讓收納成爲「看得見也看不見」的空間格局

考慮到動線與視線的設計，沒有櫃門也可以讓裡面的東西被藏起來，
而且更能構築成使用時方便取出的空間格局。

你知道沒有門的廁所嗎

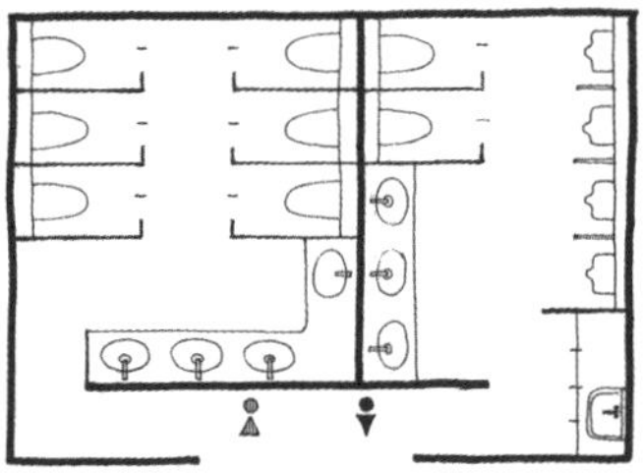

收納空間也可以不需要門

沒有門的話，很容易就可以進到空間裡對吧？為了達到看得見也看不見的收納方法，收納量可能會稍微減少，但若因此可與儲藏空間的關係更加緊密，令人感激不盡！

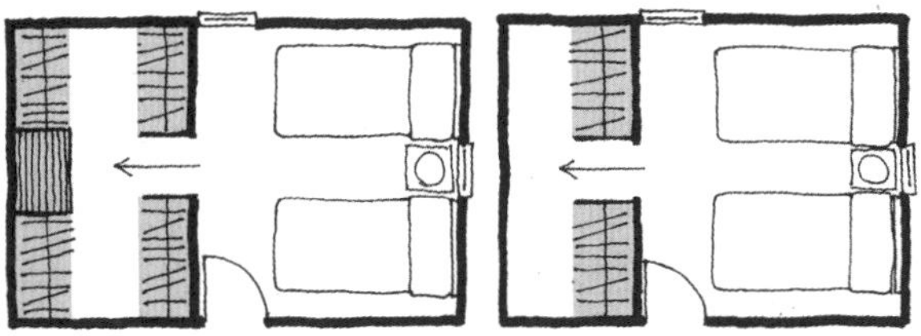

迴游型的步入式衣櫃

儲藏間只要有兩個出入口，就不容易有灰塵，在穿越儲藏空間時可以很容易的看見每一個角落，儲藏室也變得通風，不容易沉積灰塵。這就是普通的步入式衣櫃的進化版，迴游型步入式衣櫃！

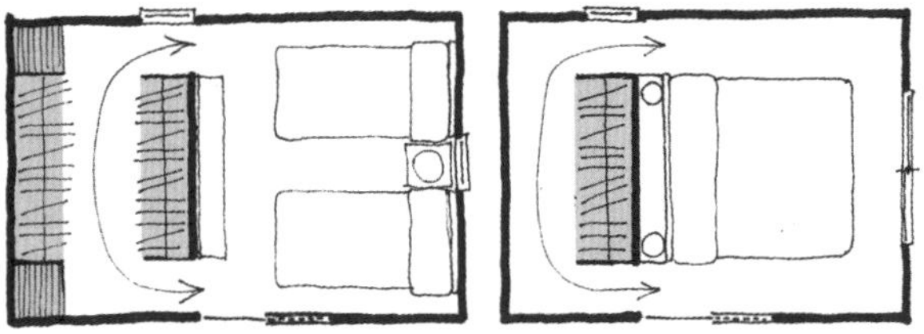

鈴木信宏先生似乎是發明迴游型步入式衣櫃這個名字的人？他是一位我相當尊敬的朋友，也是建築界的好夥伴。他所著作的「收拾的解剖圖鑑」（X-Knowledge）一書，不僅介紹了收納方法，更深入探討了收納設計的精髓。我在寫這本書的時候，也從中得到了許多參考、引用了許多內容。

儲藏室與走廊併用

不只有通過而已，儲藏室其實可以設在日常生活的不可缺少的動線上，
我們把它稱作這「平面計畫」。

這裡請進，首先先進到收納空間裡

從車庫穿過倉庫然後到玄關

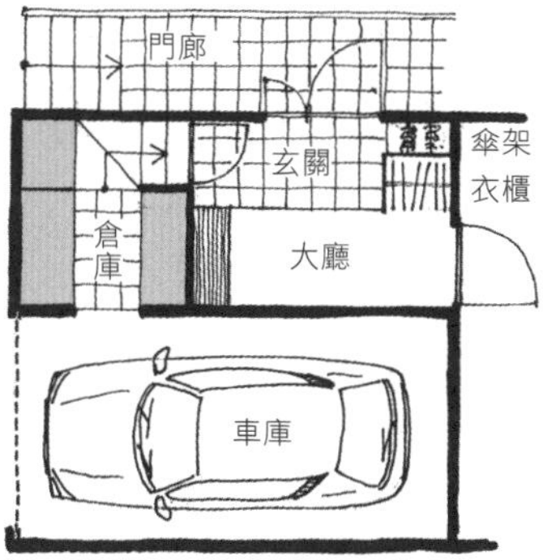

從玄關穿過衣帽間然後來大廳

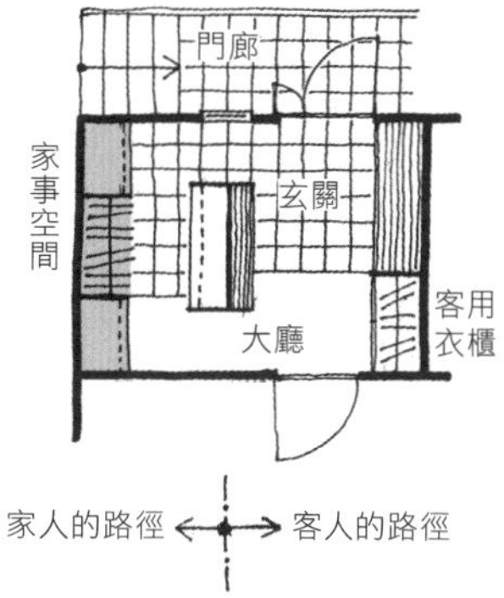

從廚房穿過食材庫然後到後門

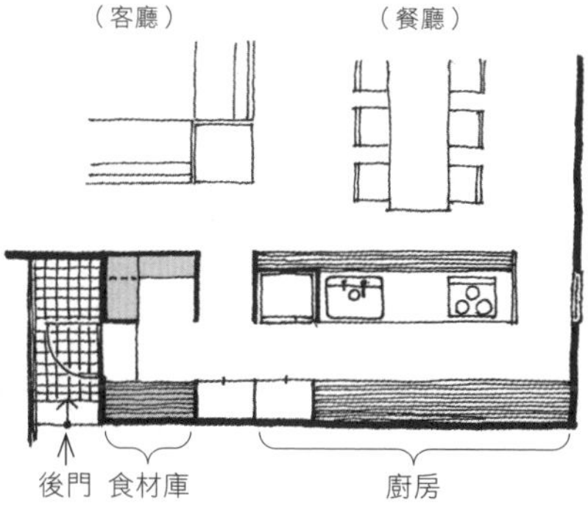

穿過衣帽間之後到寢室

這個在歐美地區蠻常見的

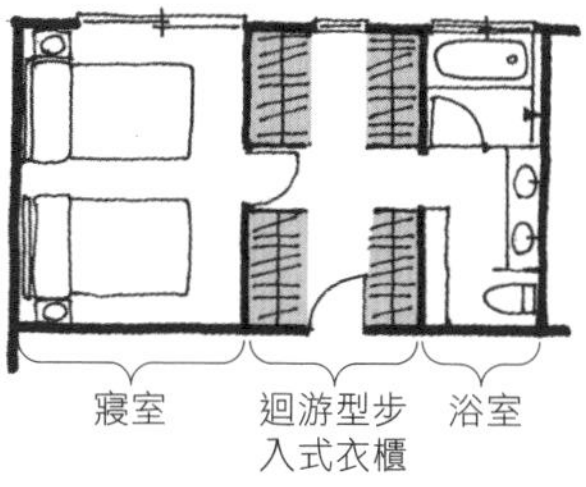

不要以為只有東西才能收到儲藏空間裡，你也可以進到裡面！如果你經常經過他們，東西們也會保持笑容的擺設在那，跟你打招呼。這樣一來，它們就不會輕易地變成無用的東西了。

基本

第十八

住宅設計上的泡泡圖（Diagram）指的是？

概念草圖階段時決定動線。

在思考概念草圖階段若草率行事，

接下來就可能陷入錯誤方向，一再碰壁。

時刻表（Dia）大亂無法前進

「時刻表（Dia）大亂，嚴重誤點中！」車掌的聲音在車廂中傳開，這裡的時刻表（Dia）指的就是「列車的運行圖表（Diagram）」。我們乘客們所看的時刻表，與鐵路公司的員工們所看的運行表，就算是在同樣的路線上，表示的方式是完全不同的。列車的運行圖表上，由於表示上行列車與下行列車的斜線方向相反，互相交錯之後形成許多的菱形，但不是因為像是鋪克牌上的花色「方塊（Dia）」所以被稱為Dia，這裡的「Dia」並不是方塊的「Diamond」，而是圖表的「Diagram」。

在住宅設計上，在圖紙上分配每個房間的位置，並將他們連結起來，繪製出的圖面就稱作「Diagram」，是設計過程中的一個重要步驟，只是這個步驟最近似乎常被省略。我們得到設計條件（Program）、開始配置區域（Zoning）或是平面（planning）之前，首先還是先思考Diagram吧！

列車時刻表

東京発（下り）

駅名 ＼ 列車名	のぞみ 207	ひかり 463	のぞみ 15	のぞみ 305	のぞみ 155	のぞみ 209	のぞみ 307	こだま 639	のぞみ 17	ひかり 505
東京	800	803	810	813	813	820	823	826	830	833
品川	807	810	817	821	821	827	830	834	837	840
新横浜	819	822	829	832	832	839	842	846	849	852
静岡		911			(12/23 〜 1/07)			956		
浜松		937						1028		
名古屋	940 942	1009 1011	949 951	954 956	954 956	1001 1003	1004 1005	1115	1012 1014	1017 1019
京都	1019	1049	1027	1033	1033	1040	1043		1052	1113
新大阪	1033	1103 1105	1040 1042	1046	1046 1048	1053	1056		1106 1109	1126
岡山		1220	1128		1136				1156	
広島			1209		1215				1232	
新山口					1250				1304	
博多			1311		1327				1339	

列車運行表

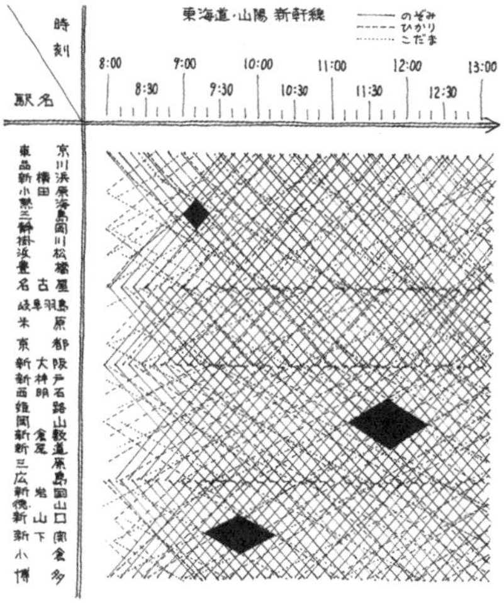

Diagram是什麼？

將複數的要素排列，連接相互的關係，
利用抽象化的圖示，在二次元的平面上表現出來的圖。

各式各樣的Diagram圖表

族譜（家族樹）

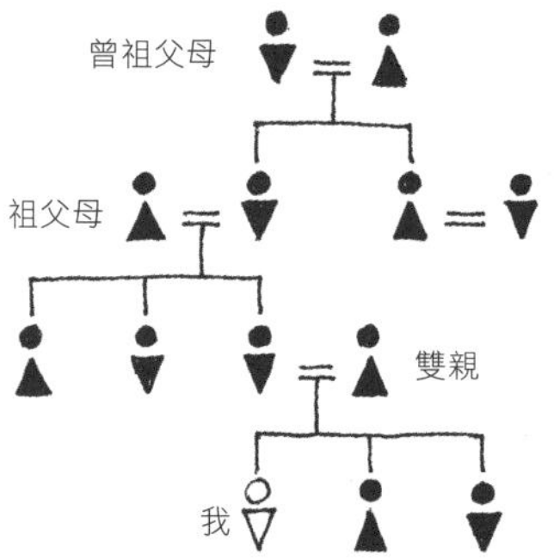

網絡圖

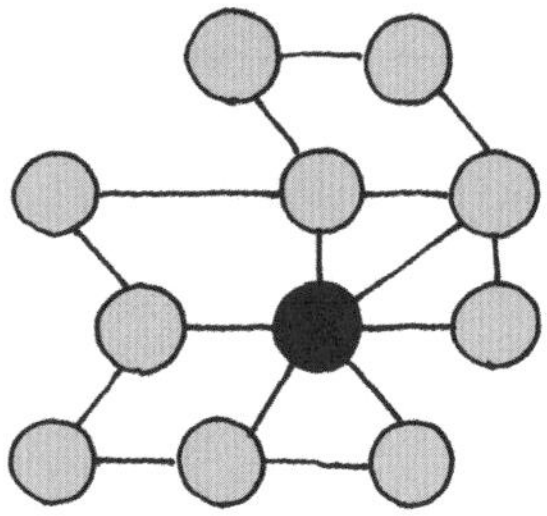

文氏圖

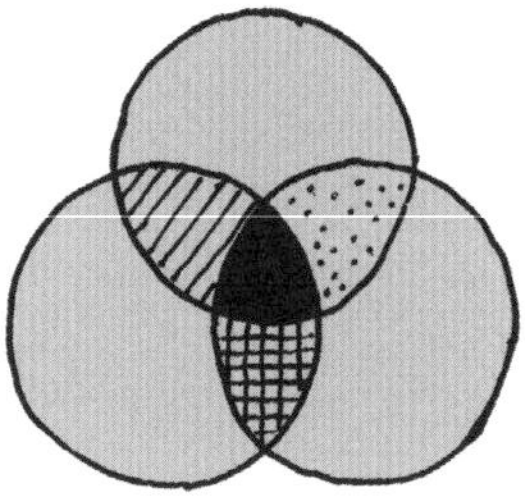

流程圖

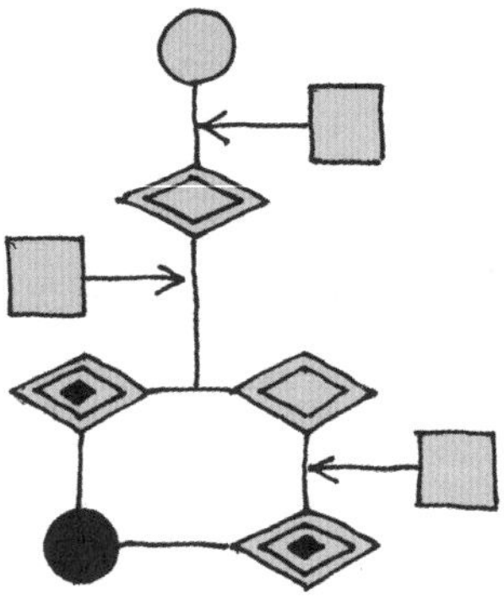

將腦袋中不太清楚的複雜關係，製成沒有特殊象徵的形狀或大小的抽象圖面，將他們之間的關係表現出來。看吧！變得非常清楚明瞭了！

住宅設計的標準流程

住宅設計大概的順序，首先是將條件整理，從Program開始
進到Diagram、Zoning、Planning，最後才是繪製圖面（Drawing）

Diagram是建築型態的花蕊

將文字變成圖形的最初階段就是Diagram，過程中可能會來來回回，不一定順利，這就是將本來只有以話語或文字敘述的夢想，慢慢變成圖面化的過程。這個階段可以好好地思考動線配置，讓空間增加舒適性，或是增加房間寬廣度等等。反之，如果沒有好好地安排動線，空間配置凌亂，不但容易讓人感到煩躁，也會造成面積上的浪費，實在是不能隨便。

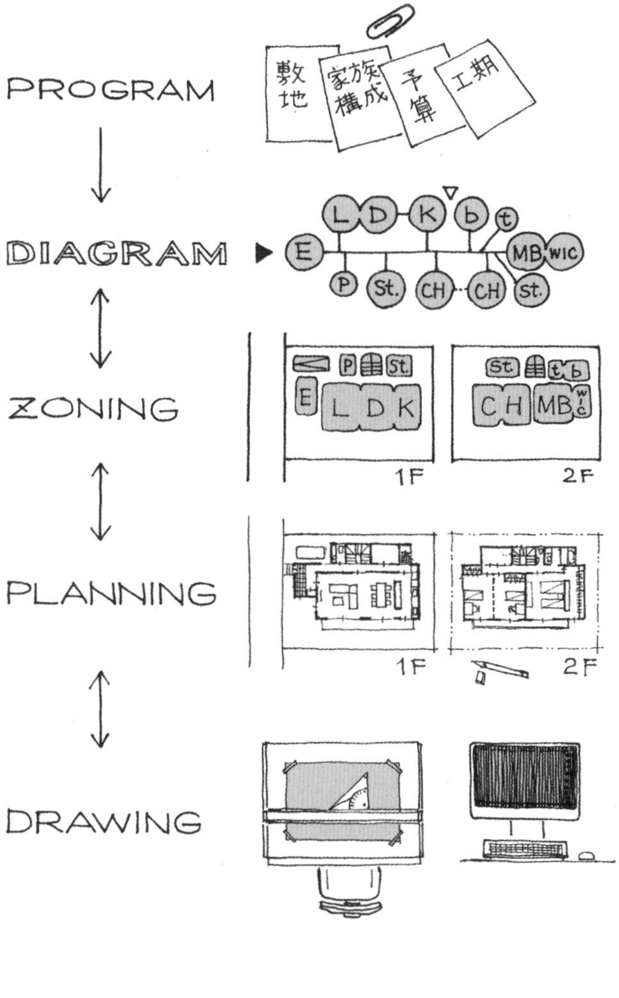

以單純的形狀去做Diagram的表現

在決定Diagram的時候，先不需考慮各空間的形狀或是大小，
利用簡單的形狀去做表現，集中思考相互之間的關係並且去構築它們。

Diagram的成員們

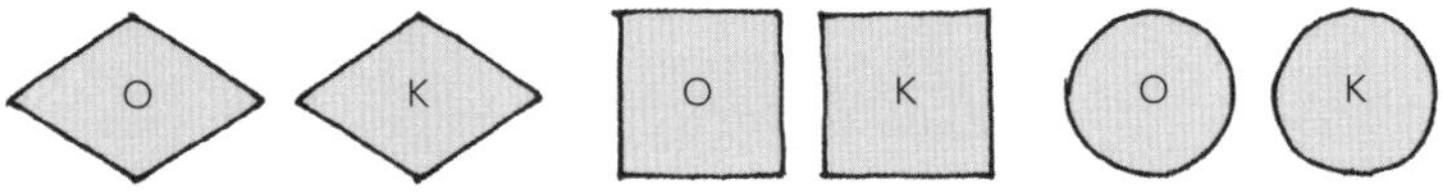

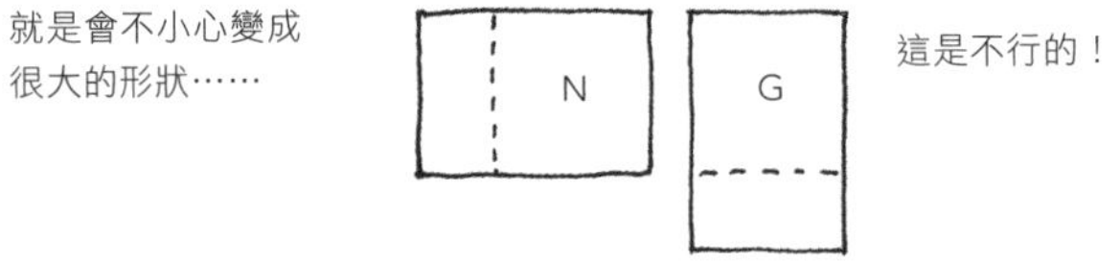

以圓形、正方形或是菱形等單純的形狀去做Diagram的表現，不要去思考具體的空間型態以及大小！例如使用了長方形，會很容易在意縱橫方向的比例或是尺寸，而被形狀影響。

Diagram上的線條將成為動線

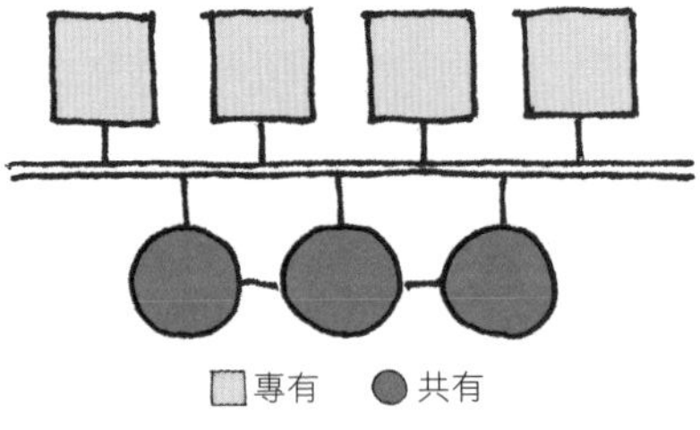

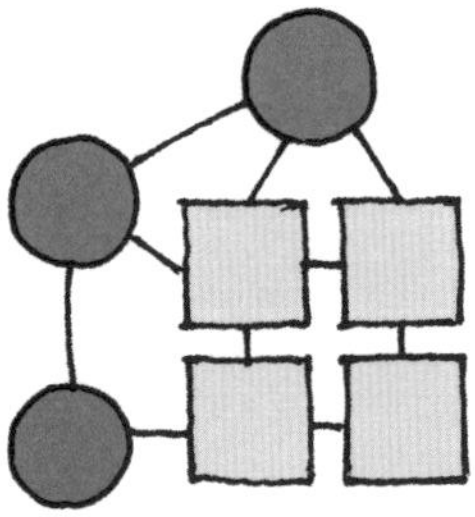

居住的人會在Diagram上所連結的線條上移動，這些線條就成了空間的動線。最後這些動線，則構成專有與共有之間的關係（區分隱私的方式）。

住宅的地域性特徵與隱私意識

世界各地的住宅，依據不同的地域特性、氣候風土、生活習慣、宗教或是傳統，有著不同的個性，且對於隱私意識的觀念，也會有所不同。

日本的民家

在濕度較高的地區，需要有良好的通風性，所以各個房間至少都要有兩個以上的開口，讓風對流。空間之間，沒有特別考慮專有與共有的關係，所有的空間都是連結在一起的。

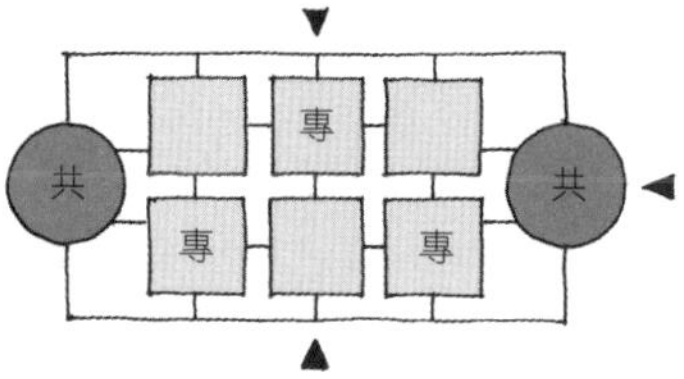

\ 才不管什麼隱私呢 /

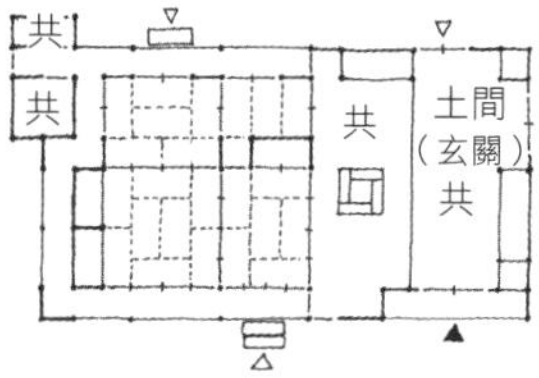

空間格局示意圖

歐洲的住宅

為了阻擋寒冷且乾燥的外部空氣，以石砌或磚砌的方式構築房子，因此不容易在牆面上設計開口。儘管共有空間是連在一起的，通往專有空間的路徑依舊只有單一路徑，因而生成了重視隱私的文化。

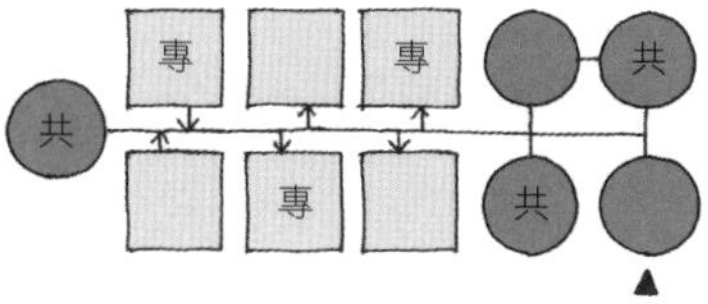

\ 尊重隱私 /

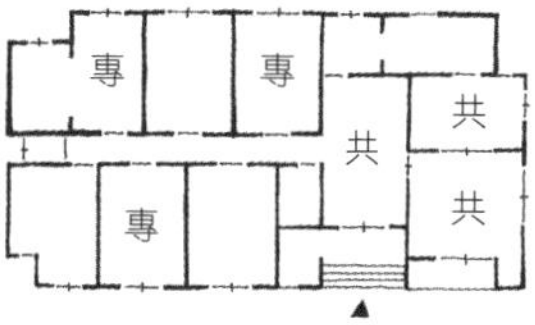

平面示意圖

沙漠的家

因為白天炙熱、夜晚寒冷刺骨的天氣，而把外周部封閉起來，但若是將每個家庭、每個房間都封閉起來的話，地緣、血緣的關係就難以被建立。所以，雖然有著獨立的專有空間，但還是需要通過共有的中庭，才能前往其他地方。

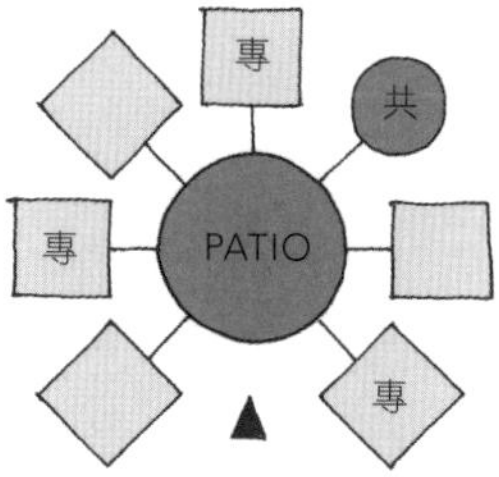

\ 隱私是被藏到最深最深的地方 /

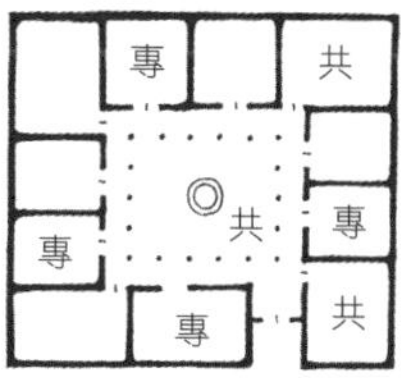

牆壁的示意圖

分析平面圖之後畫出Diagram，這三個地區不同的地域性特徵就非常明顯了吧！因為Diagram就是平面計畫的本質與精髓啊！

初期費用（initial cost）、使用期間費用（running cost）、熵增法則（熱力學第二法則）

評價住宅的「性能」指標有好幾種：耐震性能、斷熱性能等等的，依據這些基準，對住宅做評比、印上優良住宅的記號；反之，居住的舒適度以及相對的性價比（CP值）卻沒有被列入評價基準。耐震性與斷熱性可以簡單被數值化，因而容易比較與判斷，相較下，舒適度與便利性等等，不容易以數值去做評價。不過說不定，利用AI去分析有著合理動線的平面計畫與不浪費空間的斷面計畫，就可以將「合理性」，用數字去呈現出來。不過就算如此，依舊無法就此作爲住宅的居住舒適度指標，因爲居住的舒適度，會依據不同的居住者而有著不同的基準，是無法將它普遍化的。也因此像我這種設計型事務所裡的住宅建築家，就有了存在的意義，雖然與一般專做住宅的建設公司或者是House maker公司所追求的那種標準化的方向不同，但只要業主的需求都是「獨一無二」的話，都是沒有問題的。

已經很久沒有那種個人業主，一開始就直接要求自己的房子必須要有多少的耐震性能與斷熱性能，若是被要求耐震性能的數值，我通常會請合作的構造設計師來說明，將建築物的耐震性能明示給業主，讓他們安心，這個方法通常沒有問題而且有效。只是，若是要求斷熱性能的說明，我就不一定會去聽從業主的委託了，我其實對於最近的斷熱至上主義，是感到非常疑惑的。

爲什麼要利用斷熱材料把住宅包起來？

「因爲要保持室內空氣的調和與舒適度啊」

「因爲這樣夏天會很涼爽，冬天會很溫暖啊」

就會聽見這些理所當然的回答。那麼，只用斷熱材料將建築物包起來，就可以抵擋酷熱的夏天與酷寒的冬天嗎？「當然還是需要有基本的家庭用空調設備，但也可以因爲斷熱性能的提升，節省設備的運轉負擔，也節省電費唷！」終於，因爲斷熱材而有的科學理論，也就是說，經濟性的數值被提出來了。

但是，請稍等。若因爲這樣而比較符合經濟效益，斷熱材料的施工費用也應該被考慮進去吧。的確，斷熱材的有無，會影響住宅的涼爽或溫暖程度，體感上確實會有明顯的感受，光電費用的減少也相當有感，那這麼說的話，斷熱材料越多，光電費就會越便宜嗎？與因此提高的施工費用，做最單純的比例計算，這個效果其實相對是弱的。換句話說，就是指數與函數的衰減而已。初期施工費用的增加，與使用期間光電費用的減少，若沒有衡量好兩者之間的平衡，僅一味地要求斷熱性，可能會讓整體費用更高而已。更不用說，住宅的壽命總有一天會耗盡。當然，如果你的房子可以半永久性的存在，那大量地使用隔熱材所得到的損益比可能會比較小。但若在20～30年後就改修，或者是直接改建，那又是如何呢？只因爲「這個月的電費好便宜呢！」就感到開心，可以說是忽略了審視總體費用與性能效果之間的關係了。

「只專注於葉子而忽略了整棵樹」、「只專注於一棵樹而忽略了整座森林」，總觀全球，另人感到「？」的數量其實很多。

太陽能板的設置費用與0元電費的問號。

太陽能板的製造過程所排出的二氧化碳可能性。

令人注目的汽車電動化與發電所的發電方式。

包含核廢料的處理、核電廠的停機等等過度的核能政策都是浪費，這些浪費對於地球環境是不可能友善的。

我認爲，所闡述的這些環境問題、資源問題、能源問題，總的來說就是一個「熱力學」的問題。因爲沒有理解「熱力學的第二法則」，而造成許多浪費。熱力學第二法則，簡單的說，就是隨著時間的推移，高能量會逐漸散佈並慢慢降低。舉例來說，杯子裡的熱水會慢慢地變成常溫的水，如果沒有做其他的加工，就是一個不可逆的法則（熵增法則）。無論是斷熱或者是蓄熱又或者是蓄電，都只是在拼命地對抗自然法則，就只是想要去找一些方法，讓時間踩煞車，不擇手段地想要將能源抱著不放而已。

就算明明還有其他可以充分利用的能源，卻還是依然故我！

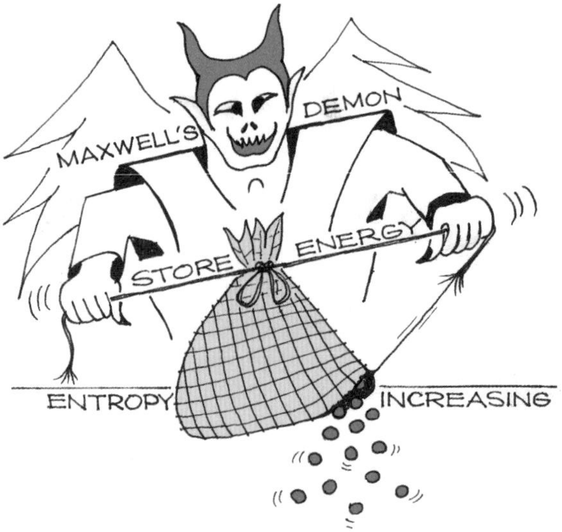

第 3 章

空調與構造

基本

第十九

不可思議的汽化熱

電風扇不吹涼風

被風吹之後體溫下降的原因，主要是因為身體的汗水蒸發，身體的汽化熱就因此消散。

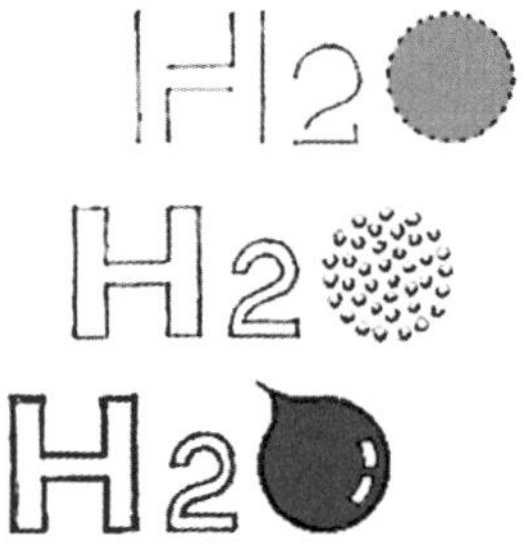

秘密是體感溫度

梅雨季真的是又濕又熱，但是明明才6月，要開冷氣好像還是有點太早了。總之，先打開電風扇，吹散這鬱悶的氣氛吧。感受電風扇所吹出的風時，心情實在非常爽快！啊…可是電風扇吹出來的…是涼風…嗎？外觀看起來就是一個簡單的電器製品，到底是動了什麼手腳可以如此順暢地吹出令人涼爽的風呢？

大部分的人，都會認爲電風扇吹出來的是涼風，這樣的錯覺是可以理解的。不過，電風扇本身並沒有冰涼空氣的功能，吹出來的風不會是涼風，應該只不過是從濕濕暖暖的空氣中吹出來的室溫風而已。儘管如此，爲什麼我們還是可以感覺到涼爽呢？其實原因是在於自己，也就是我們所說的「體感溫度」。

物體表面所感受到的溫度，不是只從氣溫去做決定。濕度、風速、輻射熱、服裝等等，一直到周邊的色彩或是聲音（說不定你周邊的「那個」所造成的氛圍也算？）等複雜因素都會影響感受到的氣溫。那麼，對於電風扇吹出來的常溫空氣感到涼爽的原因，就從溫度、濕度、風速這三個要素開始去思考看看吧。

電風扇的風明明是常溫風卻感到涼爽？

各種影響體感溫度的原因

為什麼電風扇可以吹出涼風？

就算是在一個沒有風的狀態，室內各處的溫度也不一定會相同。
先不討論天花板與地板之間的溫差，我們先著重物體表面及周邊的空氣氣溫上。

吹走體表面的高溫

一般來說，夏天的時候，比起室內溫度，體溫還是比較高的。
體表面附近，聚集著被體溫溫潤的高溫空氣，而電風扇的風，
則可以將那些莫名的燥熱空氣吹走。

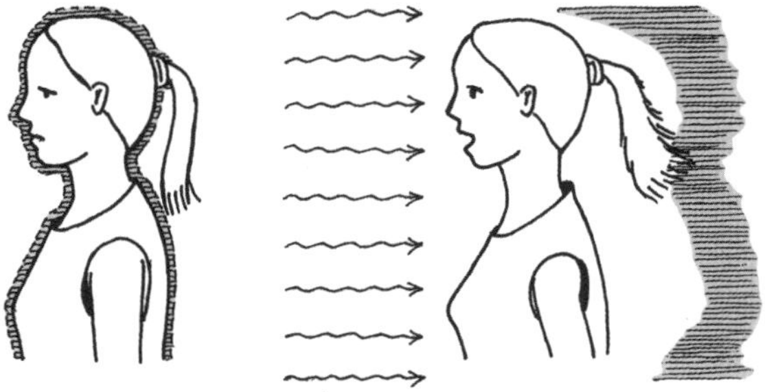

散去體表面的高濕度

濕度也是一樣的，為了降低體溫，身體會反覆的出汗，因此，
身體表面附近的濕度相對地就變高了，而電風扇的風，則可以
散去這些濕黏悶熱的空氣。

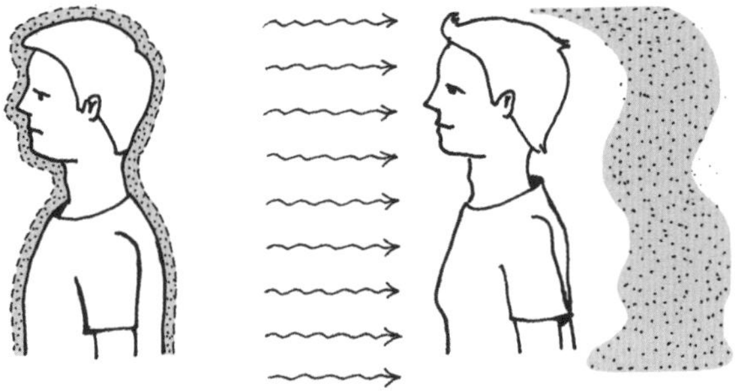

但如果只有這樣，身體表面所感受到的溫度照理只會降到室溫左右，
我們感受到電風扇吹出涼風的原因，不會只有這樣對吧？

汗水蒸發的時候被奪去汽化熱

汗水（液體）在變成蒸氣（氣體）時，會帶走身體的汽化熱，
這就是風吹過時，體溫下降的原因。

吹電風扇時體溫下降的原因

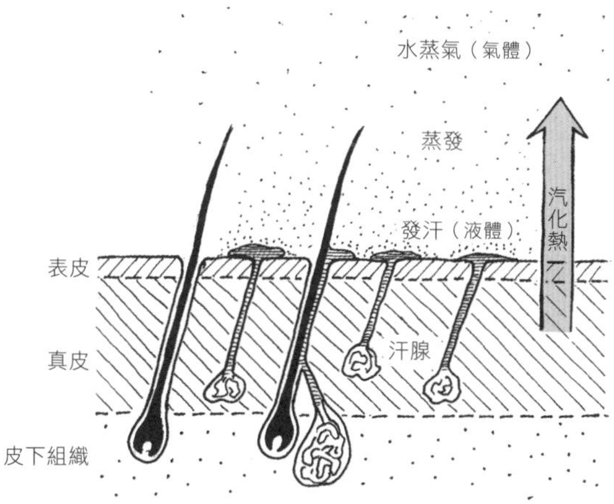

汗水從身體表面蒸發的時候，會帶走身體的汽化熱（身體的汽化熱被帶走之後，汗水就會從表面蒸發）

電風扇的風使體表面附近濕度降低時，汗水變得容易蒸發，順帶地「風」的流速增加，靜壓下降，也會稍微增進汗水的蒸發速度。就跟在氣壓低的高山上煮水，水在100°以下就會沸騰是同樣的原理。

白努利定律

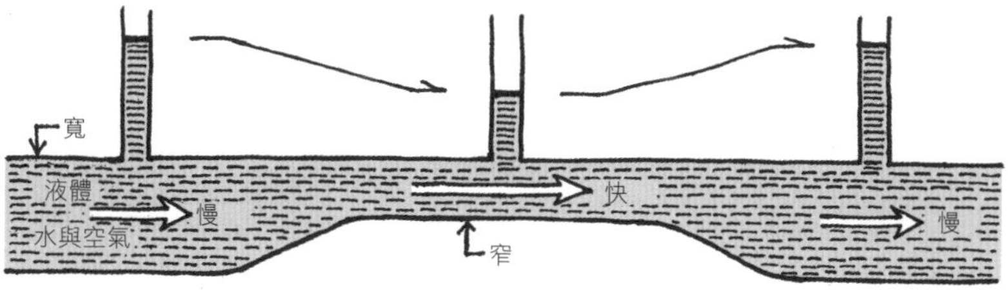

流速上升靜壓下降

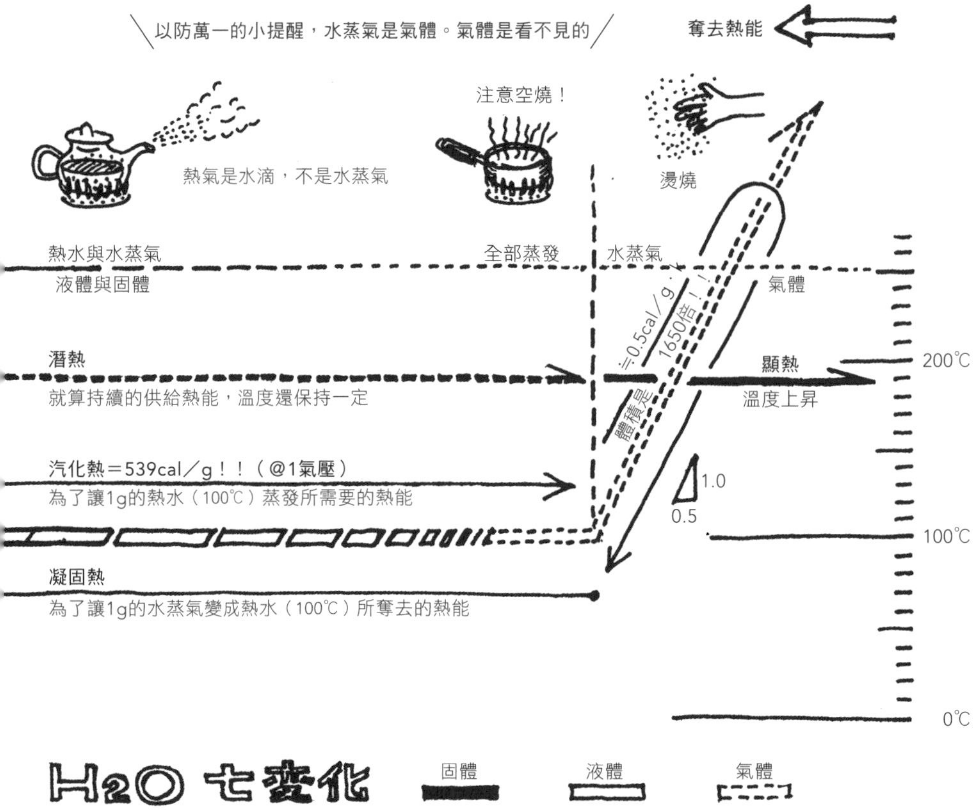

將供給H_2O不同熱能時的溫度變化製成圖表，
不同溫度的狀態變化也會更加「清楚明瞭」。
圖表上，由左到右表示著供給熱能的方向，
相反地，右到左則表示著熱能被奪走的方向。

圖表的水平部分，在剛好0°時，冰慢慢的變成水的狀態，在剛好100°的時候，熱水則會變成水蒸氣狀態，也就是說，供給熱能時，就算溫度沒有變化，狀態也會變化，這時候的熱能我們稱作「潛熱」。
汗水蒸發的時候，會產生稱做「汽化熱」的潛熱，而這個熱能則會反映到身體。換句話說，從身體被帶走的熱能數量，比我們的想像中來得大許多。

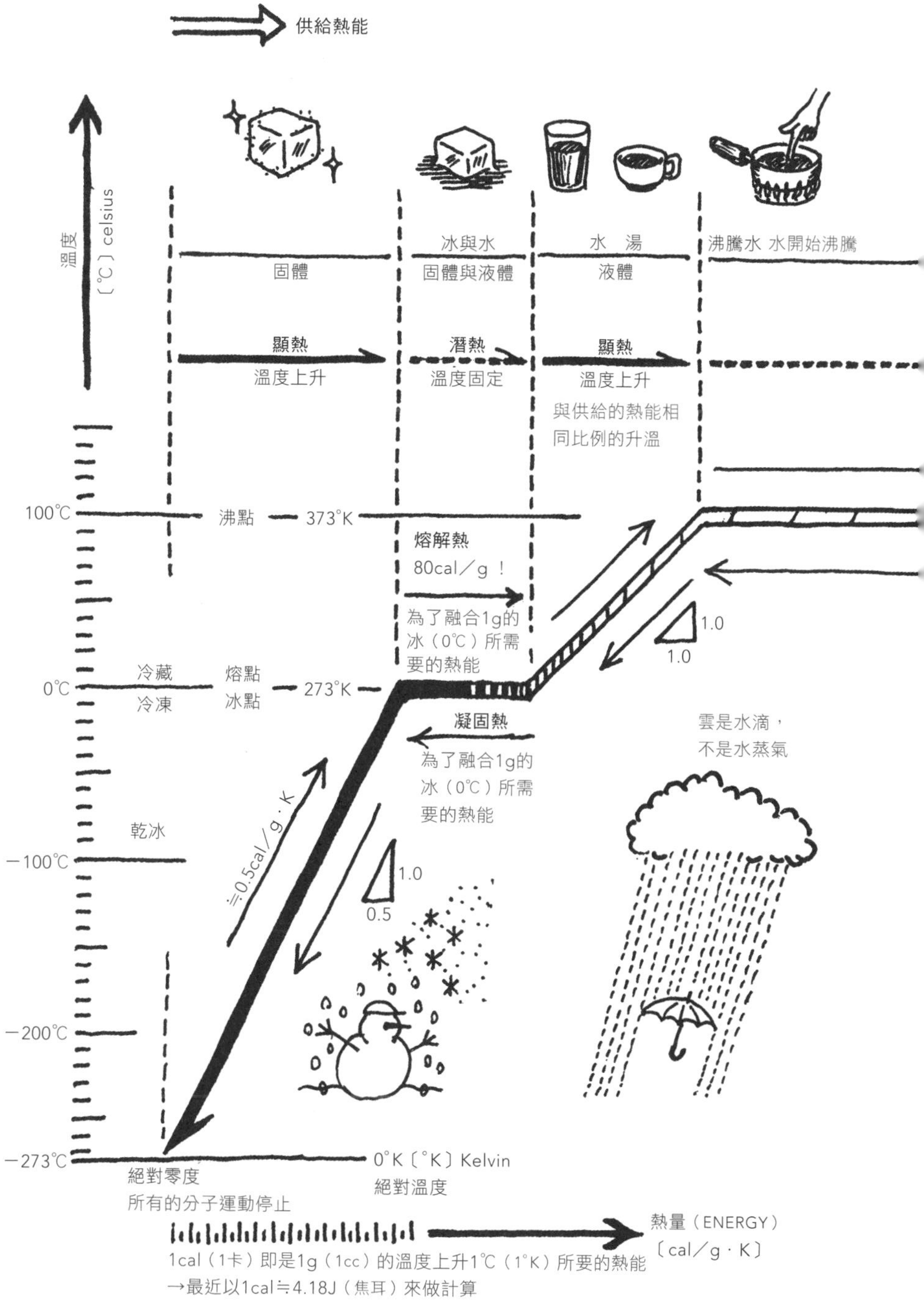

供給熱能
溫度〔℃〕celsius
冰與水
水　湯
沸騰水 水開始沸騰
固體
固體與液體
液體
顯熱
溫度上升
潛熱
溫度固定
顯熱
溫度上升
與供給的熱能相同比例的升溫
100℃
沸點
373°K
熔解熱
80cal／g！
為了融合1g的冰（0℃）所需要的熱能
1.0
1.0
0℃
冷藏
冷凍
熔點
冰點
273°K
凝固熱
為了融合1g的冰（0℃）所需要的熱能
雲是水滴，不是水蒸氣
乾冰
−100℃
≒0.5cal／g・K
1.0
0.5
−200℃
−273℃
絕對零度
所有的分子運動停止
0°K〔°K〕Kelvin
絕對溫度
熱量（ENERGY）〔cal／g・K〕
1cal（1卡）即是1g（1cc）的溫度上升1℃（1°K）所要的熱能
→最近以1cal≒4.18J（焦耳）來做計算

基本

第二十

房間裡的空調就是漫才*組合

Compressor（壓縮機）

Evaporator（蒸發機）

利用「冷媒」這個梗，試著讓空氣變熱或變冷。

*漫才：日本的一種喜劇表演形式

氣冷式冰溫水主機空氣調節器

對抗夏天的消暑對策中，不可或缺就是空調了。不過空調的正式名稱到底是什麼？應該有在學校學過了吧，答案就是「氣冷式冰溫水主機空氣調節器」。這次，要試著用更容易理解的方式來說明這個「冰溫水主機空氣調節器」。

大家應該都知道，空調指的是利用管線將室內機跟室外機連結在一起的組合，而在管線中移動的東西則稱作「冷媒」。水也是一樣，冷媒經由氣體變成液體的狀態的來回過程中，將熱能以潛熱的方式吸收（參考128頁）。冷媒利用這樣的性質，在室內機與室外機之間進行汽化、液化的活動，以這樣的方式來運送熱能。冷媒的種類有好幾種，但它們都會在比水更低的溫度下蒸發，且可以讓裝置更小、更加精實有效率，這就是它們被選用做為媒介的原因。

讓冷媒可以進行汽化與液化活動的裝置，就是蒸發機與壓縮機這對組合了。用日本漫才的雙人組合來比喻，一個擔任裝傻角色，一個擔任吐槽的角色，擔任吐槽角色的壓縮機將「冷媒」這個梗丟出來，鼓動大家的熱情，而蒸發機卻只用一句話，把這個被鼓動的梗潑了冷水，讓氣氛冷卻，讓空氣變冷。

空調機的運轉原理圖

像是下圖這樣的空調（氣冷式冰溫水主機空氣調節器）原理圖，有看過嗎？

冷暖房循環

雖然很想詳細的解說關於蒸發機與壓縮機這對組合，以絕妙的平衡做出的運轉方式，但似乎會變得過於複雜，而且很難理解…

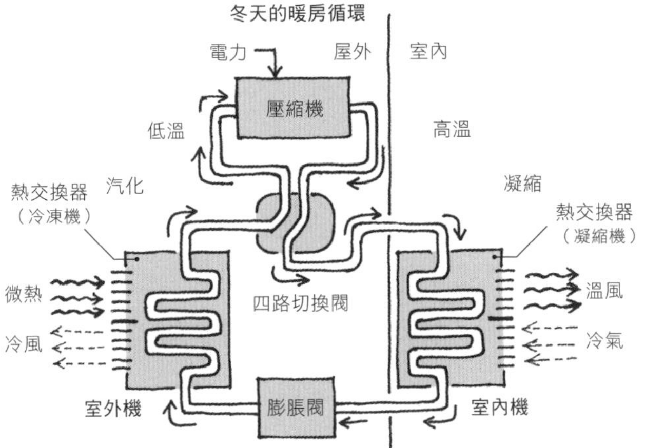

總之我先畫畫看，在畫的同時，忍不住會回想起過去當我一看到這種圖的時候，就會變得呆滯，思考停滯不前的糟糕經驗，簡直就像是在看無聊的漫才表演！你確定沒問題吧？

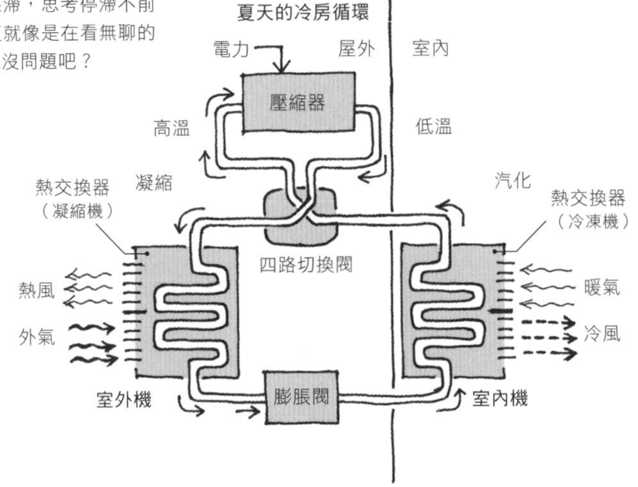

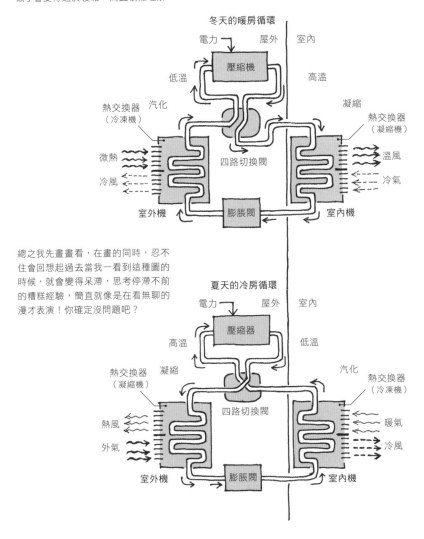

不過熱泵(幫浦)到底是什麼呢?

整理一下心情，來想想看熱泵裡的「泵」到底是什麼呢？

把東西從低處運往高處的就是泵

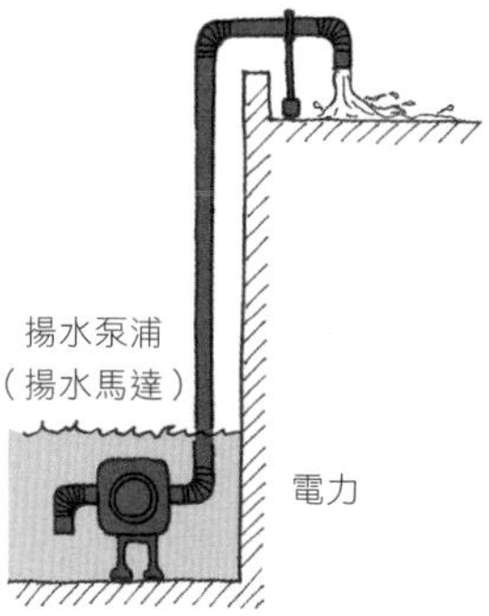

例如，利用反重力的方式，將在低水位的液體往高水位運送，這就是揚水泵浦（揚水馬達）

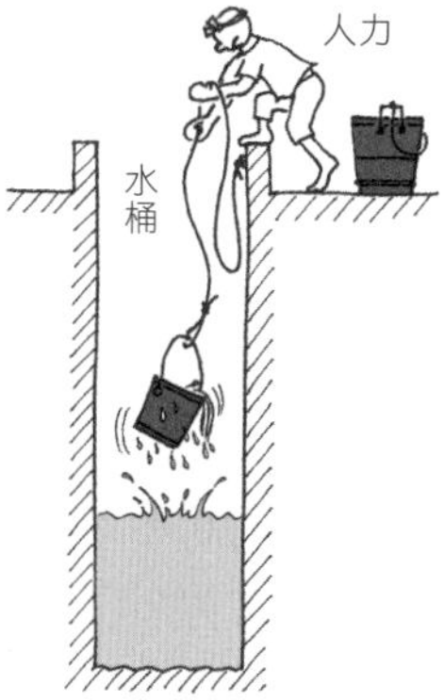

揚水泵浦（揚水馬達）的動力是電能，但若是用人力來運送的話，水桶也是個厲害的馬達吧！

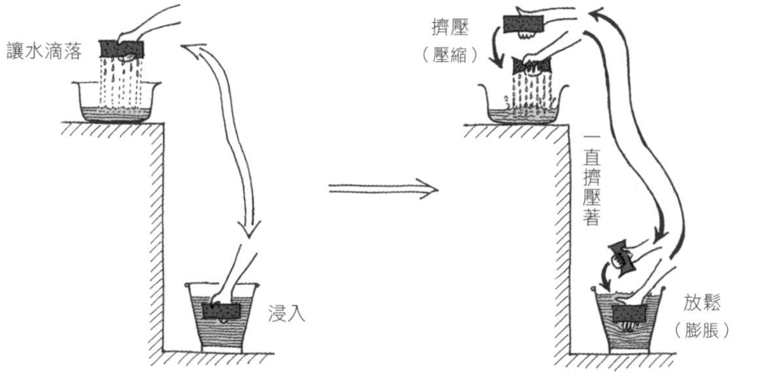

試試看用更簡單的方式來搬運水，手邊有一個海綿，要從地面的水桶將水移動到桌上的臉盆時，你跟我應該都會做相同的事情：將海綿浸到水桶中，使其吸滿水，然後快速的移動到上方的臉盆，讓水滴進去。

不過，在不斷重複相同動作下，會感到緩慢沒效率，乾脆把在捏緊狀態下的海綿放到水桶中，快速地放開，讓它吸水，然後拿到臉盆時又再把它捏緊，把水擠出來，不知不覺的就會發現，其實海綿在往下拿到水桶的這個過程時，也是呈現一直被擠壓的狀態，也就是說，一趟來回裡，握緊跟放鬆都只有一次而已！其實呢，這就是馬達的基本原理。

熱泵是什麼呢？

即使是熱能，也可以強制的將它從低溫部運送到高溫部！
這就是被稱做熱泵的原因。

從低溫部到高溫部

冷房循環

夏天時從室內冷氣房裡的涼爽空氣裡，刻意地將熱能收集起來，然後把它們排到炎熱的戶外，這就是冷房循環。蒸發機將液態的冷媒汽化，讓它們背著熱能運送出去。

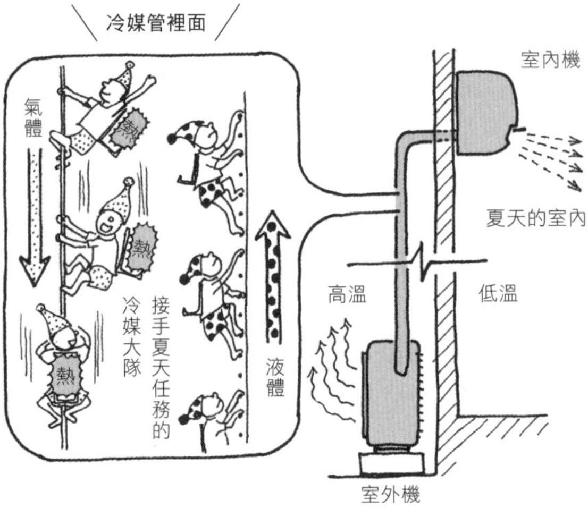

暖房循環

從冬天的低溫外氣中，故意將熱能集中起來，運送到溫暖的室內空間，這就是暖房循環。壓縮機將儲存著潛熱的氣體狀態冷媒擠壓之後產生液化，將熱量擠壓出來。

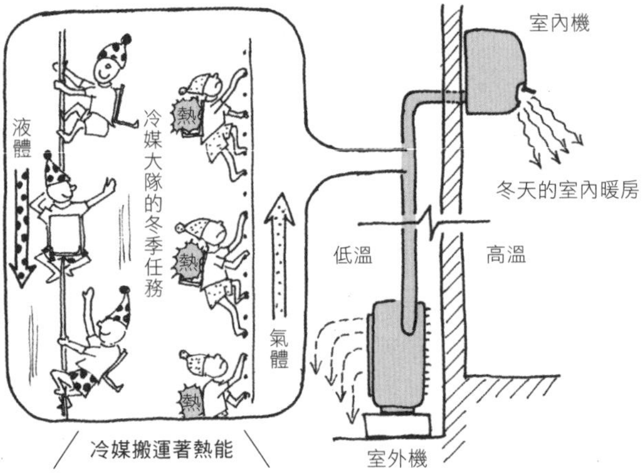

冷媒變成氣體搬運著潛熱的熱能，將這些熱能一邊卸下，一邊變成液體然後回來，就形成了循環。如何？經過這樣的解釋後，是不是感覺剛才的空調運轉原理圖比較容易懂了呢？

還有一個，空調機裡不可錯過的功能

那就是「除濕」的功能，但這裡並不是指空調的「除濕模式」，
其實只要打開冷氣，也就同時在除濕了。

藉由冷房的除濕

就像是128頁的圖表中，室內大部分的熱能，作為潛熱被儲存在室內的水蒸氣中，也因此，如果打開冷氣，不斷地將熱能排出屋外的話，水蒸氣就會冷卻變成液體（結露）。那些經由冷氣排水管連到屋外變成一直滴滴滴的水，就是水蒸氣變成的液體。

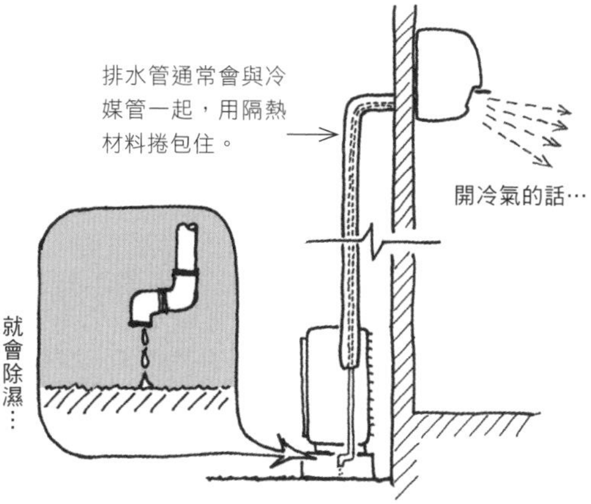
排水管通常會與冷媒管一起，用隔熱材料捲包住。
開冷氣的話…
就會除濕…

開冷氣時也會除濕，反過來也是成立的

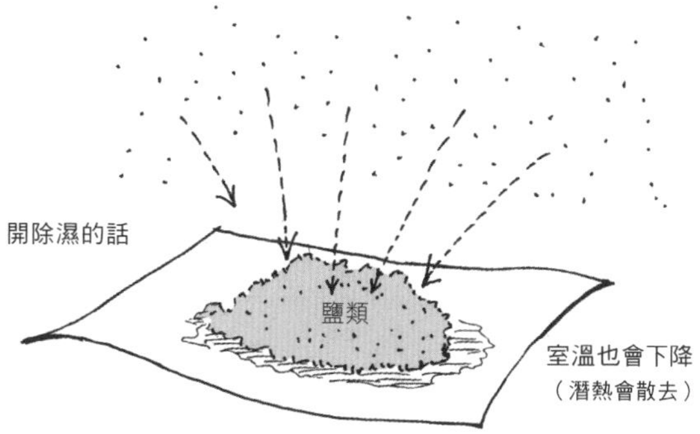
開除濕的話
鹽類
室溫也會下降
（潛熱會散去）

雖然重複了好幾次，但還是要再說一遍：開除濕的話室溫也會下降！

在室內放一些鹽，它們會慢慢吸收室內的水蒸氣，最後結塊變得稍微黏黏的對吧！將它們拿到戶外烤乾，回復原狀之後再放回室內，一直重複這樣的步驟，室內的濕度也會慢慢的被除去，室溫也會下降，這種原理的冷房方式被稱作「吸收式冷凍機」。如果各位有興趣的話，就去查查看。

再贈送一個小知識！家裡除了空調以外，還有鎮座著另一個熱泵！是在哪邊的誰呢？你們知道吧？

基本

第二十一

隔熱就是遲熱・緩熱的意思

熱能的傳導，是沒有辦法完全隔絕掉的。前提是，我們將物理上的微觀活動，以熱力學這個宏觀的角度來做討論。

不過，熱能到底是什麼呢？

只要天氣開始變冷，每一年都會有新的隔熱材以及隔熱方法被發表出來，有時甚至言過其實，在這之中，更有不少對於「熱能」不太了解，甚至有些誤解下所製造出來的商品。

簡而言之，熱能就是分子運動集合狀態下所產生的結果，詳細解釋會有些繁雜，我們先將它當作一個「物體」來思考討論吧！熱能本身就是個傳導的現象，把它思考成會移動的物體，可能比較容易想像。

只是，我們經常不經意地會將這個前提忘記，就只記得建材的性質以及施工方法。在不了解材料原理的狀態下，是無法有效應用它們的，也就會產生「隔熱材可以完全地把熱隔絕」這樣的誤解。我們必須同時站在微觀與宏觀的角度去看待，但同時，也不能將這兩個概念混淆在一起。

「熱傳導」

物體內部的分子突然向隔壁的分子傳遞振動的現象，一直傳遞下去，把熱擴散出去的現象就稱為「熱傳導」。

微觀的來看，熱能分子就像是接力賽一樣一直往下傳遞。

宏觀的來看，熱能彷彿像是在移動一個物體。

分子間的距離越短，也就是說物體的密度越高，熱能的移動會變得快速。

而熱能分子稀疏，造成縫隙時，熱能的移動就變得緩慢。原理就只有這樣而已。

物質的密度越小，「熱傳導率」就越低

就算是在一個沒有風的狀態，室內各處的溫度也不一定會相同。
先不討論天花板與地板之間的溫差，我們先著重在物體表面及周邊的空氣氣溫上。

各種物質的熱傳導率

除了金屬、混凝土、木材以外，液體、氣體、真空的密度也都一起考慮的話，就可以很清楚地了解熱傳導率與物質密度的關係，也就會明白為什麼斷熱材裡含有著許多氣泡了。

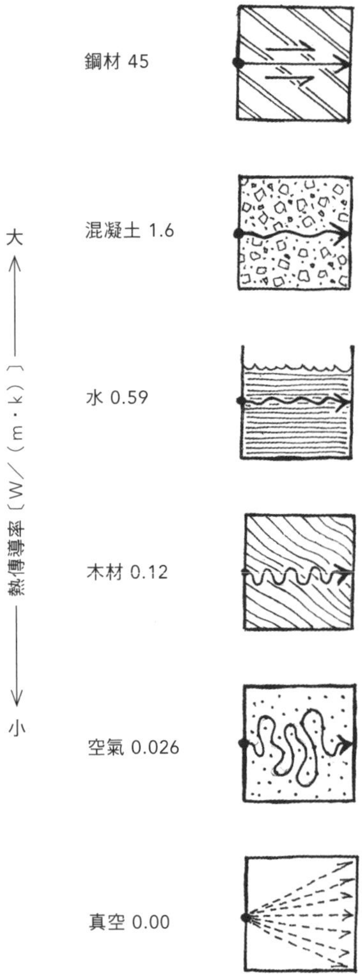

金屬是一種非常密實的固體。此外，金屬特有的自由電子更會加速熱能的傳播

混凝土也是一種非常密實的固體

液體是由分子相互交織在一起所構成的

木材雖然是固體，但內部有許多縫隙

氣體裡的分子漂浮著且相互離散

真空中沒有分子，所以不會產生熱傳導效應（不過可能會有熱輻射現象）

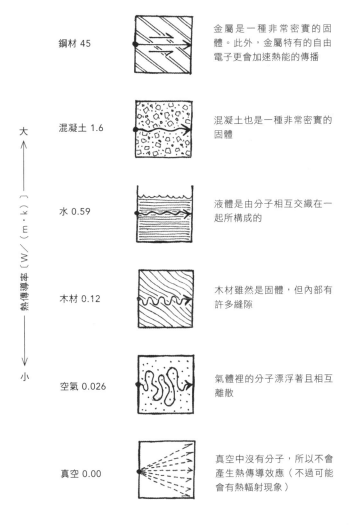

熱傳導的注意事項

可能會與前面所提到的論點相互矛盾，但是利用氣泡或孔隙所製成的隔熱材，
它的體積密度（或體積比重）越大，熱傳導率就越低。
這些孔隙可以有效約束氣體分子，來防止對流的發生。

斷熱材的比重

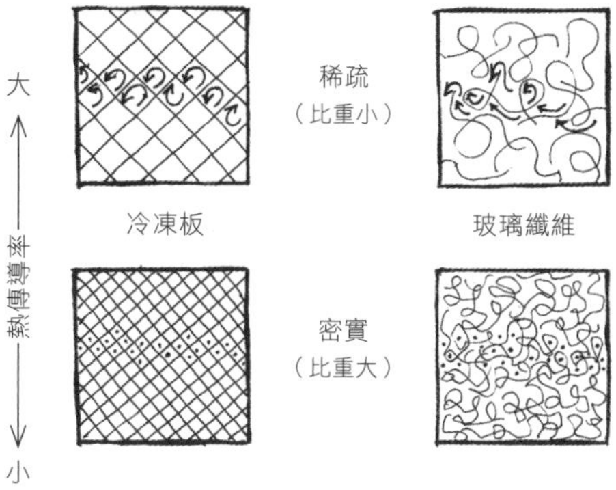

比重較小的隔熱材，內部組織粗糙，孔隙相對地比較大，在其中的氣體分子可以比較自由地到處移動，產生出小小地對流，也慢慢地傳遞熱能

比重較大的隔熱材，內部的氣體分子被細小的孔隙約束著，進而防止對流，確保氣體特有地低熱傳導效應

＼ 隔熱材的孔隙細小，各自為正，效果比較好！ ／

異種物質間的「熱對流、熱對流率」

以建築為例，與室內外空氣所接觸到的牆面，
所產生的熱的傳遞，就稱作「熱對流」。

熱對流的重點

風速越大，空氣分子就會不斷地流動，輪流接觸物體表面。

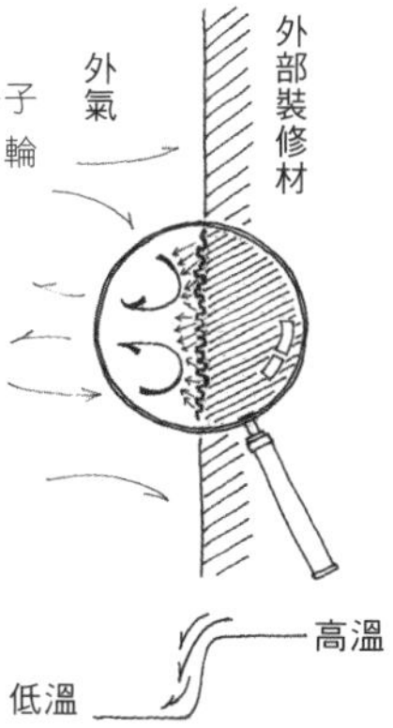

介面的表面若越粗糙，表面積增大，可以傳遞熱能的地方也會變得更多。

熱對流率取決於兩種相鄰物質的特性，舉例來說，在建築外部裝修材料與戶外空氣這兩種物質的情況下，兩者的溫差越大時、外部裝修材料的表面越粗糙時、又或者是戶外空氣的風速越大的時候，熱對流率（比率）就會越高。

溫度差越大的話，分子運動的傳遞變得更加容易，也更簡單地接收更多的熱能。

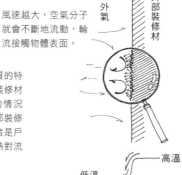

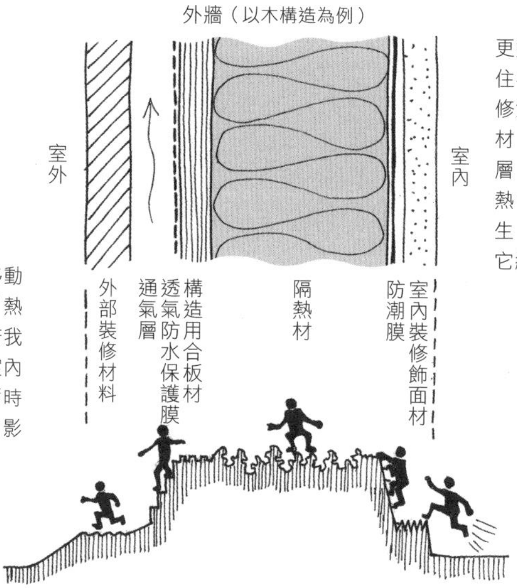

更進一步來仔細看看木造住宅的外牆，是以室內裝修飾面材、防潮膜、隔熱材、透氣防水保護、通氣層、外部裝修材料構成，熱傳導與熱對流來回產生，而整體活動，可以把它統稱為「熱貫流」。

順帶一提，除了熱的移動以外，還有一種稱作「熱輻射」的熱能，但是若我們只討論建築外牆到室內的熱能運動時，可以暫時忽略熱輻射所帶來的影響。

宏觀的來看「熱貫流」

熱傳導、熱對流，我們以微視的角度看過這些熱能運動之後，現在開始會以比較宏觀的角度去說明通過牆壁內部的這些熱能。

以冬天爲例，熱能會經由（貫穿）牆壁，從溫暖的室內移動（逃走）到寒冷的室外，用比較微視的角度來說明，就必須逐一分析前面所論述的熱傳導與熱對流這樣複雜地熱能運動，爲了避免複雜難懂，我們把它比喻成障礙跑來做說明（上圖）。

圖上的人形表示熱能，這些熱能，努力地要從做了斷熱與防潮處理的外壁逃出去，有時候是很好跨越的境界線，但有時候也有很難登上的台階（熱對流）。

有時候會有很好走的路面，但也還是會有很難前行的泥沼（熱傳導）。

就算歷經重重困難，熱能必定是會跨越各種障礙，到達屋外，這整個過程就稱作「熱貫流」。

●熱傳導率　〔W／(m・K)〕
■比熱阻　〔(m・K)／W〕
■熱傳導抵抗係數　〔(m^2・K)／W〕

●熱對流率　〔W／(m^2・K)〕
■熱對流抵抗係數　〔(m^2・K)／W〕

●熱貫流率　〔W／(m^2・K)〕
■熱貫流抵抗係數　〔(m^2・K)／W〕

W：Work (工作能量)　m：長度　m^2：面積　K：克耳文(絕對溫度(差))

我們沒有辦法阻止熱能從高溫部移動到低溫部，不過，因爲我們與熱能是競爭關係，所以可以在時間上動些腦筋。將「熱貫流率」想成是「在固定的時間內有多少人可以到達終點」的比例，因爲只看結果，所以可以用宏觀角度去觀察、了解熱貫流。

隔熱並不是完全地把熱能隔絕，而是讓熱能的移動變得遲緩。

比起用「隔熱」這個詞，我覺得「遲熱」或「緩熱」可能更接近實際地意思，因爲我們是沒有辦法去完全阻隔熱能的移動。

話說回來，我方才從物理學的角度去解釋了熱貫流，但站在建築學的立場，其實是想要去抵抗熱貫流的。所以從建築的角度出發，是以熱貫流率的倒數來討論，也就是說1／熱貫流率＝熱貫流抵抗係數。

基本

第二十二

隔熱、氣密、換氣、通風四方混戰

為了提高隔熱效果所做的氣密處理
導致結露；卻又不斷強調換氣的必要性，
降低了隔熱性能。
是不是很像是想要追到自己尾巴的小貓一樣，
不斷地繞圈圈呢？

隔熱與換氣間的矛盾

前一個章節提到「隔熱並不是把熱隔絕掉，而是讓熱的移動變得緩慢」，但真的把熱能移動的速度減慢的話，會有什麼樣的結果？會有什麼問題嗎？熱能跟人是一樣的，要刻意減緩它們的速度時，通常都會突然地加快步伐前進。以高速公路為例，無法忍受塞車的車子們就會選擇下交流道，使用一般平面道路，他們認為，就算會繞遠路，如果能不斷的往前，必定會是比較好的決策。熱能也是一樣，就算會繞遠路，它們還是會選擇可以持續前進的道路。

> 想要讓室內保持宜人的氣溫，其實不是只有隔熱，比隔熱更加需要被重視的是「氣密」（Airtight）。房間裡影響氣密性的弱點大多是門窗的縫隙，門窗本來就是爲了讓人或是空氣進出的地方，被開開關關是它的使命，而會有縫隙這件事，就是它的宿命了。如果這樣的縫隙不被允許，對於隔熱性能的堅持就會變得無窮無盡，因而產生了「高斷熱・高氣密」的標準。

只是，若不斷的執著在「高斷熱・高氣密」的性能上，容易造成室內空氣污染與缺氧現象，針對這種情況，日本在2003年緊急施行了「居室空間24小時換氣義務條例」，條例施行的前期，我們統稱爲「Sick House（病態建築症候群）法」，這個法令，是隨著高氣密效能的住宅普及化所產生出來的問題而訂定，爲了排除空間內建材裡面含有的有害物質爲目的，大大地被倡導著。

雖然現今社會裡，建材有害物質問題少了許多，但主要還是擔心缺氧的問題吧，24小時換氣的這個規定依舊被保留著。（本書出版計劃實行之時，剛好是冠狀病毒肆虐全球，到處都強調著室內換氣的重要性的時候。）

隔熱與氣密確實重要，但如果有了只要將高斷熱、高氣密的性能越提升越容易控制室內環境這樣的想法，恐怕會讓自己變得沒有退路。我還是要重聲「隔熱並不是把熱隔絕掉，而是讓熱的移動變得緩慢」如果能夠達到合理的延緩效果，是否就足夠了呢？

好不容易才開好的洞，要再把它封起來？

即使再怎麼努力地做了良好的隔熱，
如果門窗的氣密性不足，一切都會付諸東流。

用不同程度的氣密來提升門窗氣密性的方法

雙開門

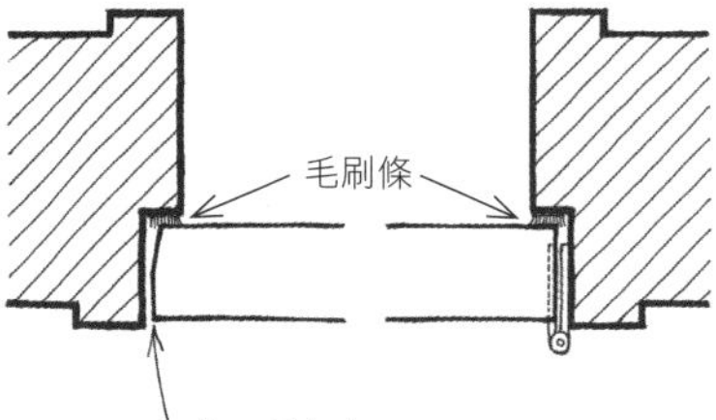

簡單的氣密
※ 容易開關

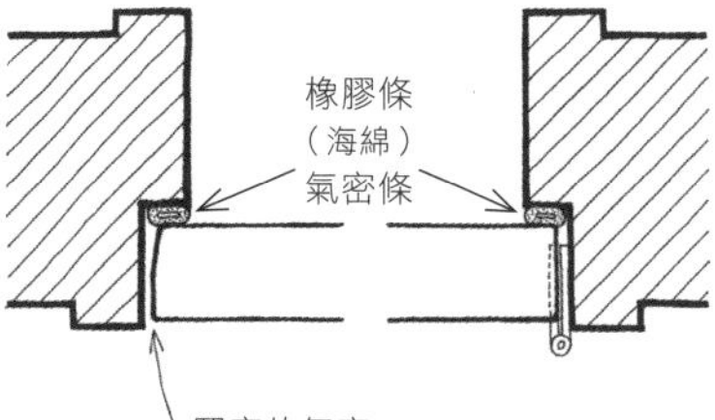

緊密的氣密
※ 開關門變得有點緊

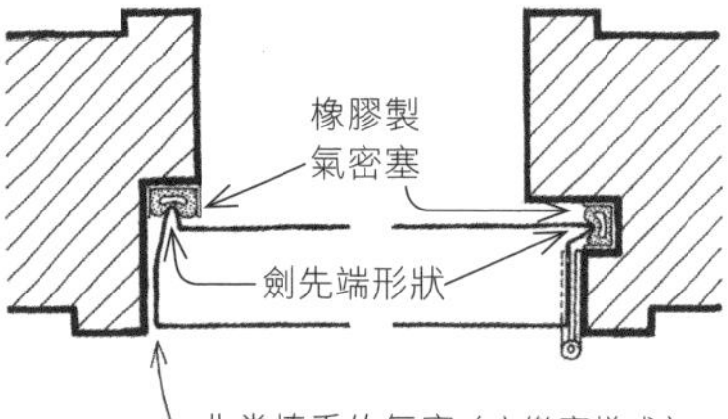

非常慎重的氣密（音樂廳樣式）
※ 開關門困難

拉門

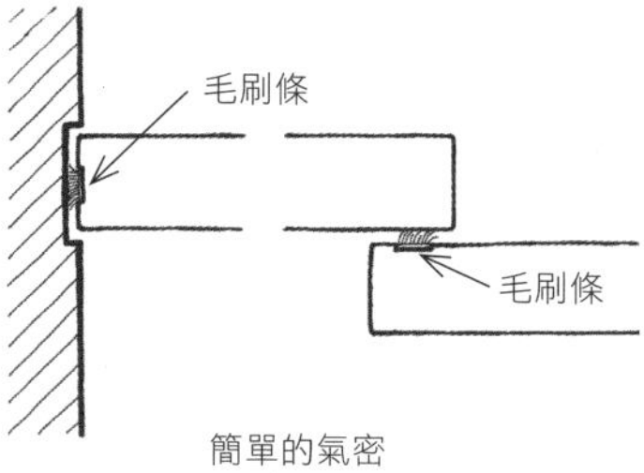

簡單的氣密
※ 容易開關

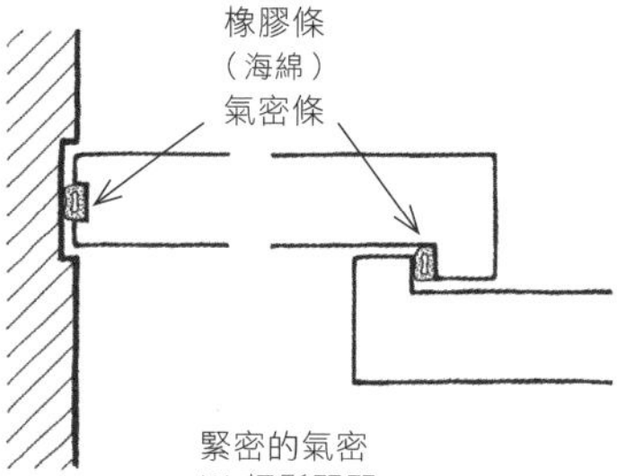

緊密的氣密
※ 輕鬆開關

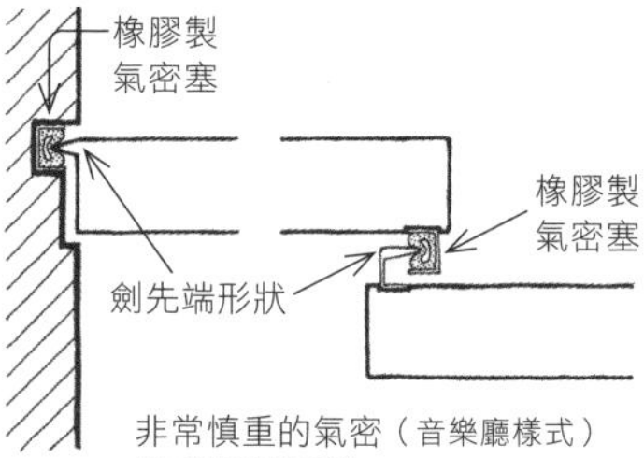

非常慎重的氣密（音樂廳樣式）
※ 開關門困難

明明做好了隔熱與氣密，卻要換氣通風？

過於追求高度隔熱和高度密閉，會導致什麼事情發生呢……
那就是室內空氣污染和缺氧。

「高氣密・高斷熱」

很難呼吸……

「你看，我早說了吧！」一邊吶喊一邊忍耐的我。這是當然的啊，如果氣密效果做得過於徹底，就只會窒息…

居室空間的24小時換氣

除了設置必要的排氣用窗戶之外，也請設置24小時運轉的換氣扇。

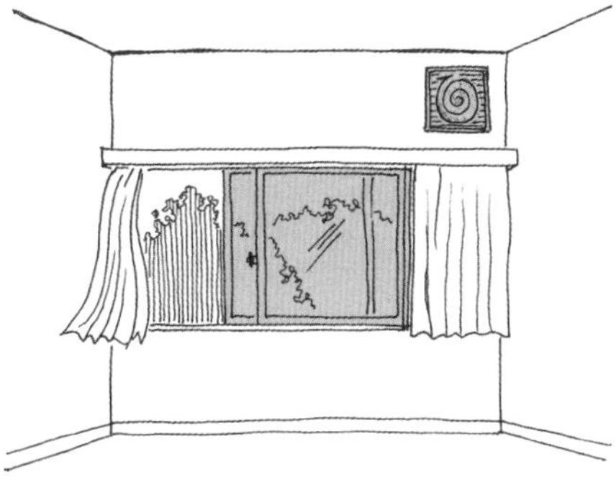

現在大家都可以坦然地接受這一項規定，不過在實施當時，我與建築師朋友們，都對這個規定感到很不可思議。「一直開著換氣扇的話，會變得超級冷耶！」

強制換氣方式

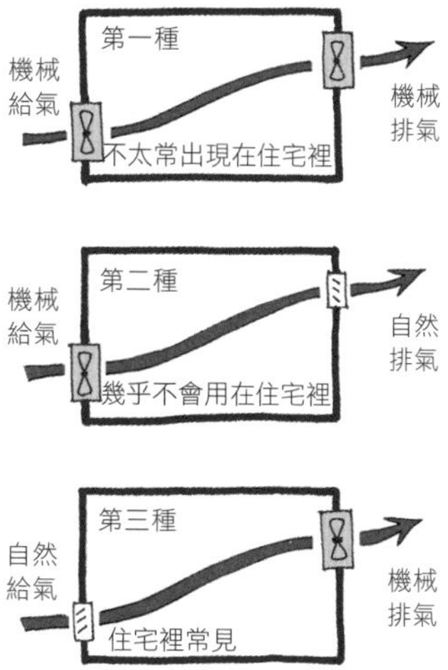

隔熱促使了氣密性，而氣密卻引來了強制換氣

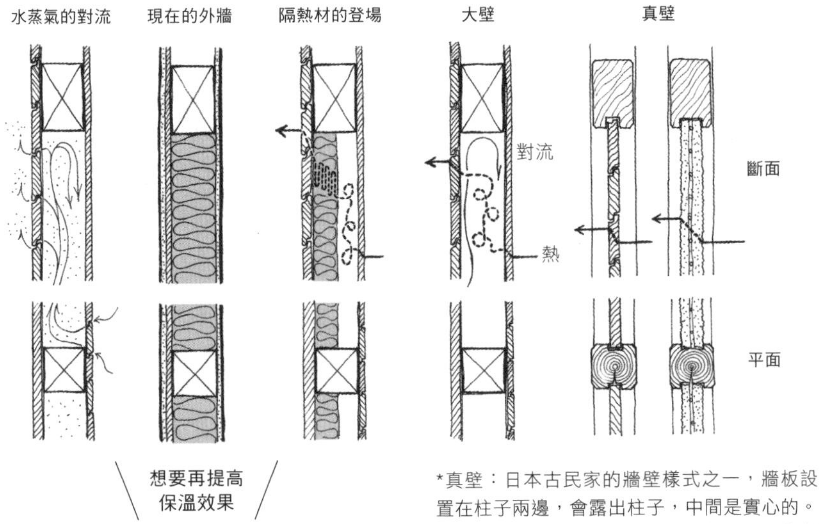

*真壁：日本古民家的牆壁樣式之一，牆板設置在柱子兩邊，會露出柱子，中間是實心的。
*大壁：日本古民家的牆壁樣式之一，用牆板把柱子包起來，會出現空氣層。

隔熱引起的騷動還有另一個

早期日本木造住宅的牆壁主要由實心牆組成，因此外壁通常是土壁或牆板，但隨著「大壁」的樣式出現之後，牆板包覆柱子，中空的牆壁內部產生了空氣層，室內的保溫效果也有了很大的改善，基於這個優勢，希望進一步提升保溫性能，因而推動了隔熱材的研發。牆壁裡的空氣本身已經是一種優秀的隔熱材，但有時還是會調皮地引起對流，助長熱的移動，因此，截斷對流、拘束空氣分子的隔熱材誕生了，現在的木造住宅，將斷熱材填充至外牆的軸組*之間已經成爲常態，這個做作法實際上的確帶來了非常好的隔熱效果，讓我們不僅在冬天，在夏季也一樣可以感受到隔熱材帶來的功效。

然而，原本被視爲反派的對流行爲，實際上在牆壁內擔任了讓水蒸氣可以自由移動的角色，打消它們想結成水滴（結露）的念頭，幫助它們找到機會，從牆壁的縫隙間移動到外面。

*軸組：軸組工法，以小斷面的實木材，相互組合構成的柱樑式建築骨架系統的工法。

被填充的牆壁裡要設置通氣層？

牆壁裡若是被斷熱材料填滿，等於是給了「氣密效果」致命一擊，不但有窒息的可能，最終還會導致「牆內結露」。治療這樣症狀的一種方法，就是「牆內通氣」。

牆內結露與通氣層

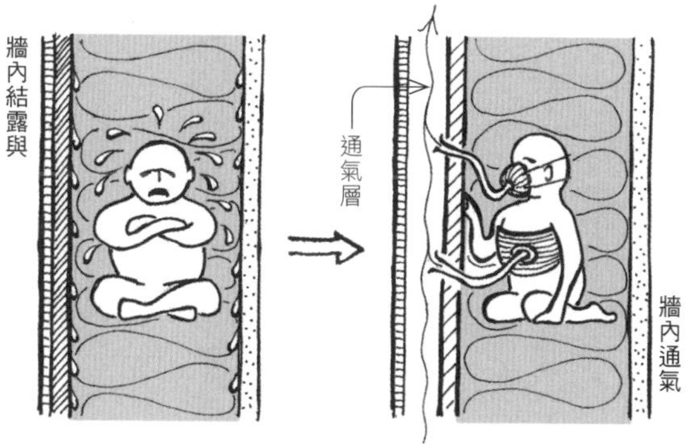

隔熱之後馬上在外側設置通氣層，引誘濕氣透出，就像是人工呼氣器一樣。

就像是一邊對著空氣說「不准動」，但又希望它們馬上動起來，是不是簡直就像是在對待籠子裡的小老鼠呢？

在這裡也請與拙著「住宅設計解剖圖鑑」p128 隔熱、換氣 p134 通風一起閱讀。

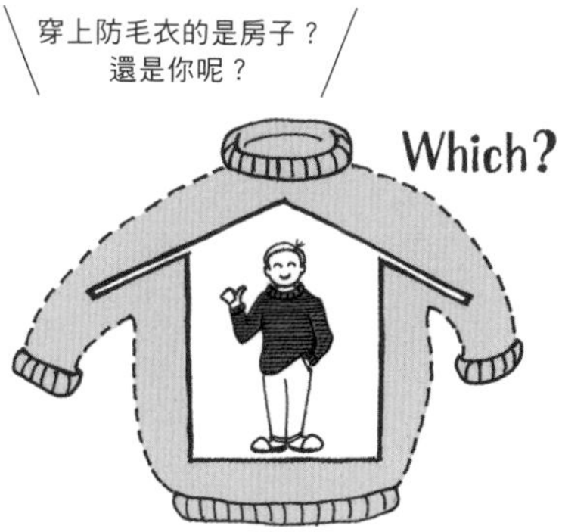

如果依舊不願放掉對於斷熱的執著，也還不知道要在哪裡停手……我個人的建議是，要將房子穿上厚厚的毛衣之前，希望您可以先穿上。

基本

第二十三

重量重並不等於堅固

RC造、S造、木造，哪一個比較厲害呢？

地震、打雷、火災、老爸！

要面對這些正面襲來的災難嗎？

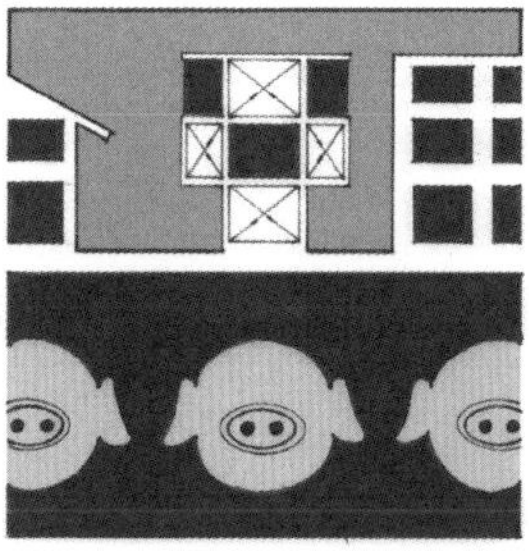

不是只有RC結構可以選擇

「果然，還是混凝土結構比較安心耶」

「哇，有鋼筋在裡面的話應該很強吧！」

「但是呢，我們家就忍耐一點用木造吧……」

好像一般人的理解裡，建築物的強度是以RC造→S造→木造這樣的排序來被理解的，你覺得呢？

不過，「建築物的強度」到底是什麼呢？面對什麼樣的狀況需要變強呢？地震、打雷、火災還是老爸！答案是以上皆是！建築物的強度指的就是面對震動、衝擊、火災、噪音時的強度。但是，沒有將這些威脅分開來思考是不行的。

首先，對於噪音的策略就是「隔音性能」，無論是外部的噪音或是室內的吵鬧聲，都會經由建築物的屋頂或是牆壁傳到外面，對於聲音的阻力主要取決於物體的質量，也被稱作「質量作用定律」。比較RC・S・木造，RC造雖然看起來贏面較大，但實際上建築物的開口部等等也都會對隔音性能造成影響，所以沒有想像中的這麼簡單就可以去判定的。

接下來是對抗火災的「耐火性能」，建築物的易燃程度，會根據使用建材的耐燃等級而有所不同。混凝土本身就是不燃材料，在對抗火災上是很優秀的材料。不過，S造與木造的主要構造部分也披覆上不燃材料的話，一樣是可以得到同等級的耐火性能。

第三是對於衝擊的對策，雖然還不用考慮到暴走的卡車突然衝進自己家的程度，該考慮的是如何對付「暴風」。哇…對付暴風的話有重量的RC造應該比較好吧…。到目前爲止，RC造還是最優秀的……

接下來，終於進到「耐震力」的部分了。人們對於「RC造的話就會很安心」的心理，也包含著因爲混凝土很重，所以對於地震也會很強壯的這個想法，但其實……大錯特錯！

隔音性能

牆壁越重，聲音傳導到隔壁的衰減率就會越大，
也就是說，隔音性能高＝質量作用定律

耐火性能

不容易燃燒的建材，依照耐火性能的程度高低之排序為
不燃材料・耐燃材料・耐火材料。

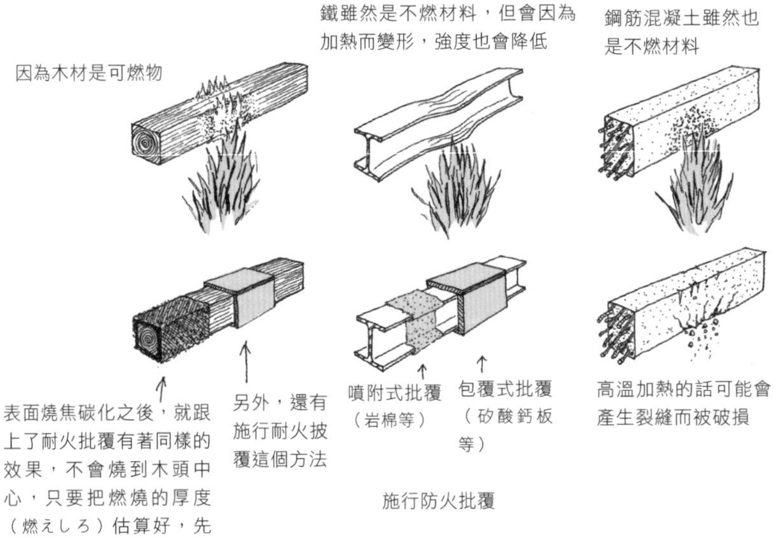
讓木頭粗一些就可以了

耐風壓性能

耐風壓性能，看起來也是RC造比較厲害。
稍微一點點的風也無法把它吹走，因為它很重嘛。

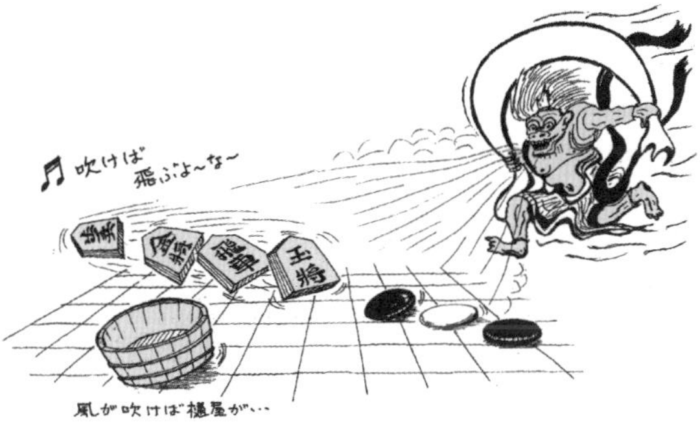

耐震性能

建築物的重量越重，反而會有更大的晃動呢。
重新來解釋一下過重的物體不利於地震的原因。

地震，就像是房子下方的土俵*突然晃動的感覺

這就跟突然從側邊把房子推倒是一樣的意思（愛因斯坦的等效原理），房子的重量越重，被推擠時的加速度就會越快（質量越大），也就是說，受到的危害就會越大唷。

建築基準法中，對於建築需要確保的耐震性能，是沒有以結構種類去做區分的。

*土俵：指日本相撲比賽時的圓形擂台。

基本

第二十四

建築的歷史，等同對抗重力的歷史

建築就是有開口的庇護所。
為了避免風雨侵襲而建造屋頂與牆壁。
為了採光與通風而在牆壁上開口。

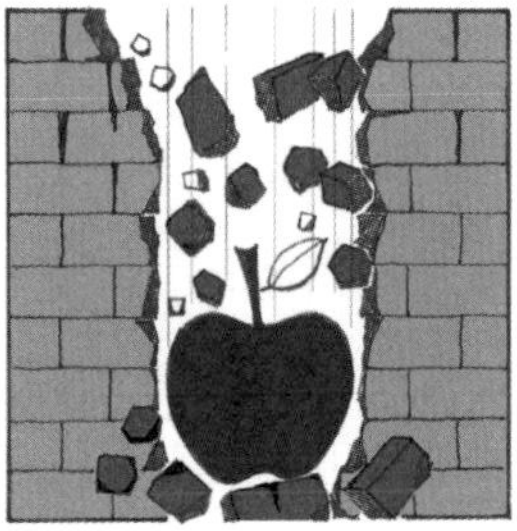

夢想的無重力世界

傳說中的名畫「2001年宇宙之旅」（2001 Aspace odyssey）裡所描繪的世界，現在已經不再是夢了。國際宇宙站裡的日本太空人敘述著，他們與一起乘船的夥伴們，在搭乘的膠囊中，橫向、直向、倒立的漂浮著，飲料的液體也變成球體在空中輕柔地漂浮著。對於在太空艙裡的他們來說，那是個「無重力」的世界。

但是我們生活的世界裡，重力是存在的，地球的地心引力影響著這個「時間與空間的場域」，除非是飛往宇宙，否則是沒有辦法避開地心引力，我們人類也只好乖乖地遵從，或說是好好去利用這不可避免的重力。

然而，實際上我們還是不斷地去對抗來自上方的重力，對抗重力的困難度，在建築工程上尤爲明顯，幾乎可以說建築的歷史，等同於「抵抗重力的歷史」。

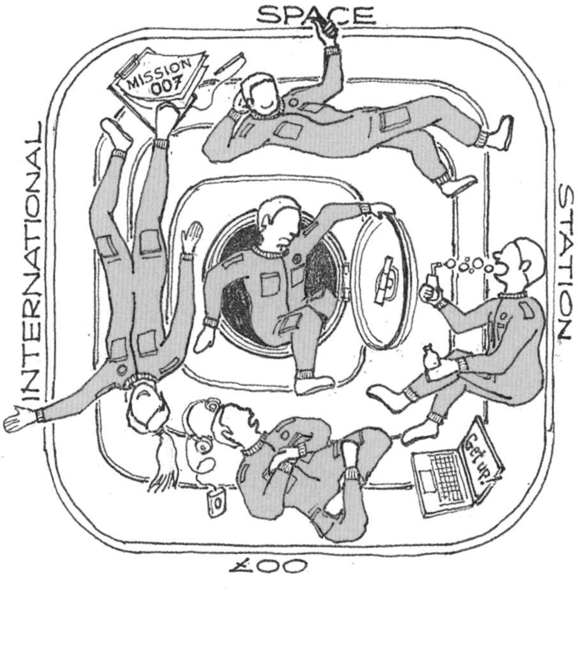

對抗雨水

因為雨水會從天空落下，
所以在屋頂上做出斜度。

雨水也是從天空落下

原來做出斜度是為了讓雨水流掉，是個有效率的方法。

屋頂斜度與防水性能成反比

但是，屋頂下方的空間會變得狹小難使用，設計者為了讓空間變大所以將斜度變緩，最終乾脆設計成平屋頂，也因此，發展出了防水技術，並且變得發達。

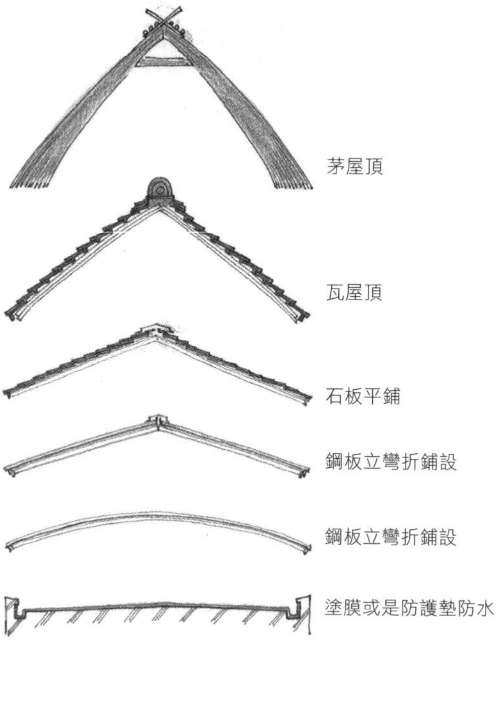

在牆壁上開孔也是一場與重力的戰役

蓋上屋頂之後，被牆壁包覆住的空間變暗也將人們困在裡面。
我們渴望陽光，也希望能走到外面；寒冷的冬天裡，更希望將光線引入空間。
這時，就需要出入口、窗戶，也就是指開口部的意思。

持續地抵抗重力

一旦在牆壁上開孔，重力就不會輕易放過你，上方牆壁的重量會集中火力的攻擊開口部，讓牆壁的龜裂迅速蔓延，上方的磚瓦垮下，試圖填補孔洞。

拱門
為了拼命保護孔洞而被想出來的門楣
門楣
為了分散孔洞上方承受的重量
而被創造出來的拱門型態。

取得成功的人們而感到開心愉快，並將門楣與拱門這個概念擴大至整座建築，實現了宏偉的大型空間（可以與拙著「住宅設計的解剖圖鑑」p118 牆壁與開口一起閱讀）

柱・樑結構

拱頂天花

儘管這樣，人類的慾望依舊未止息，「輕鬆克服重力」成為一種炫耀，甚至還想著要創造出可以浮在空中的建築物呢。

但在未來，建築能夠浮起來到什麼程度呢……比如說「利用太陽能電源的磁力浮游裝置」！？

希望從重力的陰影之中被解放的近代建築

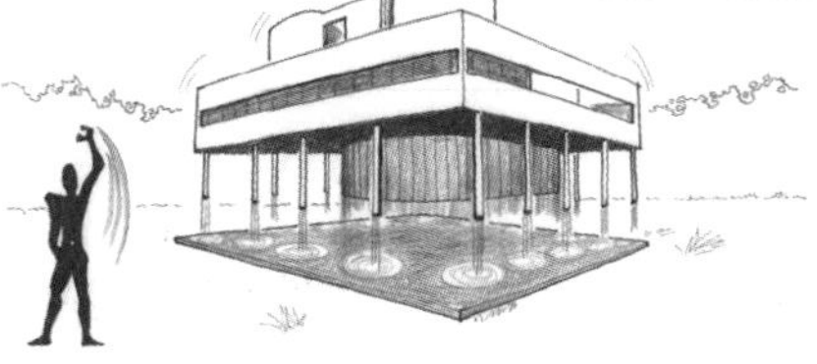

「利用太陽能電源的磁力浮游裝置」！？

Solar
Magnetic
Force
House

後記

2009年秋天，出版了「住宅設計的解剖圖鑑」一書。

是一本針對學習住宅設計的學生、剛開始接觸實務工作的年輕設計者或者是接下來想要建造自己房子的人所撰寫的著作，具體解說「住宅是什麼」的一本著作。

五年後，收到相同出版社編輯部的聯繫，問我是否可以更詳細的去撰寫，住宅設計的初步階段，有什麼必須注意的重要事項。

然而，我開始著手實務工作已經是40年前（1977年）的事了，與現在相比，住宅設計的方法已經有了很大的改變。

過去那很厚的建材目錄，現在已經可以在網路上翻閱、木結構房子的主要構件也已經可以事先用機器切好運來工地、以前的手繪圖已經被電腦CAD所取代，幾乎已經不需要製圖的工具了、可以呈現出自我個性的一些小技巧，都已經被整合到各種不同的機器裡面了……

這些轉變並沒有不好，但要我把那過去做設計的舊方法再提出來相提並論，實在毫無意義，還會招來嘲笑罷了。

只是，在這進步的大環境裡產生出來的現代住宅設計方法中，還是出現了一些不容忽視的錯誤與誤解，實在令人擔憂。像是將設計工作全都交給機器，交給他人，設計者本身的身體感覺與設計活動疏離，這樣眞的沒問題嗎。

- 早在檢討房子所需要的建材性質及種類之前，已經看過所有的商品了嗎？
- 結構與設備的設計，就只是交給了設備技師跟結構技師，自己確認過嗎？
- 工作桌上沒有尺，也沒有隨身攜帶捲尺，有好好培養身體的尺度感嗎？
- 是否被網路上那些好看的手法吸引，設計住宅時陷入了爲設計而設計的境地呢？

如果是這樣的話，那麼前途可能會充滿著無意義與不切實際，應該是「省能」

的手法可能也只會變成「剩能」的笑話了。

把走過頭的住宅設計拉回，找回到本來應該有的基本面。

2016年11月開始的兩年間，我在「建築知識」雜誌上連載了「誤解住宅設計的解剖圖鑑」。

最近，我稍微整理了這些內容，加了一些文字，將它們編成了一本書，爲了讓年輕朋友們更容易理解閱讀，將主題的「誤解」改成了「原來是」，也追加了許多圖說，編成了輕鬆柔軟的一冊，你們覺得如何呢？

2021年12月吉日

增田奏

Solution 163

住宅設計一定要懂的基礎原則

作者	增田奏
譯者	李昀蓁
責任編輯	許嘉芬
封面&美術設計	Pearl
國際版權	吳怡萱
發行人	何飛鵬
總經理	李淑霞
社長	林孟葦
總編輯	張麗寶
叢書主編	許嘉芬
出版	城邦文化事業股份有限公司 麥浩斯出版
地址	115台北市南港區昆陽街16號7樓
電話	（02）2500-7578
傳真	（02）2500-1916
E-mail	cs@myhomelife.com.tw

發行	英屬蓋曼群島商家庭傳媒股份有限公司城邦分公司
地址	115台北市南港區昆陽街16號5樓
讀者服務	電話：（02）2500-7397；0800-033-866　傳真：（02）2578-9337
訂購專線	0800-020-299（週一至週五上午09:30～12:00；下午13:30～17:00）
劃撥帳號	1983-3516　戶名：英屬蓋曼群島商家庭傳媒股份有限公司城邦分公司
香港發行	城邦（香港）出版集團有限公司
地址	香港九龍土瓜灣土瓜灣道86號順聯工業大廈6樓A室
電話	852-2508-6231
傳真	852-2578-9337
電子信箱	hkcite@biznetvigator.com
馬新發行	城邦（馬新）出版集團Cite（M）Sdn.Bhd.（458372U）
地址	41, Jalan Radin Anum, Bandar Baru Sri Petaling, 57000 Kuala Lumpur, Malaysia.
電話	603-9057-8822
傳真	603-9057-6622
總經銷	聯合發行股份有限公司
電話	02-2917-8022
傳真	02-2915-6275
製版	凱林彩印股份有限公司
印刷	凱林彩印股份有限公司
版次	2024年7月初版一刷
定價	新台幣550元

國家圖書館出版品預行編目(CIP)資料

住宅設計一定要懂的基礎原則/增田奏作；李昀蓁翻譯. -- 初版. -- 臺北市：城邦文化事業股份有限公司麥浩斯出版：英屬蓋曼群島商家庭傳媒股份有限公司城邦分公司發行, 2024.07

面；　公分. --（Solution；163）

ISBN 978-626-7401-27-9（平裝）

1.CST: 房屋建築 2.CST: 空間設計 3.CST: 室內設計

441.5　　113001363